スラスラ読める

Python

FURI ふりがな **GANA**
プログラミング

スクレイピング入門

株式会社ビープラウド・監修　リブロワークス・著

インプレス

はじめに

　Pythonの初学者向け書籍がたくさん出版されている中、『スラスラ読める Pythonふりがなプログラミング スクレイピング入門』をお手にとっていただき、ありがとうございます。本書は前作『スラスラ読める Pythonふりがなプログラミング 増補改訂版』に続き、プログラムにふりがなを振ることで、日本語的にプログラムを理解できるようになっています。Pythonの基礎を学びたい方は、まずは前作を手にとっていただくことでより一層スムーズに本書を読み進めていただけます。

　スクレイピングとは、Web上に存在するテキストや画像といったデータを収集する技術のことです。スクレイピングを用いれば、Web上のサイトを定期的にチェックしたり、一覧になったURLのリンク先を順番に参照したりといった作業を、プログラムで自動化できるようになります。応用できる範囲は趣味から仕事まで実に幅広く、Pythonで行えることが一気に広がることでしょう。

　スクレイピングには、プログラミングの知識に加えて、基本的なWebサイトの構造（HTMLとCSS）の理解も必要になります。そのため本書では、サンプルのWebページや実際のWebページを題材にして、Webサイトの構造を把握することからしっかり解説しています。そして、データの収集、データの整理・加工といった、一連の流れを学べます。この流れは、スクレイピングに限ったものではなく、データを扱ったり、何らかの操作を自動化したりといったあらゆる場面に、応用することができます。また、スクレイピング時に発生しやすいエラーへの対処法も解説しているので、うまくスクレイピングできない場合は、ぜひ参考にしてみてください。

　幅広く応用できるスクレイピングの流れとつまづきどころをしっかりと押さえることで、Web上の情報を自由自在に活用できるようになりましょう！

　本書がみなさまのPython学習の新たな扉を開くきっかけとなれば幸いです。

2021年11月　ビープラウド

CONTENTS

Chapter 3

スクレイピングの応用テクニック —————— 089

プログラムの読み方

本書では、プログラム（ソースコード）に日本語の意味を表す「ふりがな」を振り、さらに文章として読める「読み下し文」を付けています。ふりがなを振る理由についてはP.14をお読みください。また、サンプルファイルのダウンロードについてはP.191で案内しています。

サンプルファイル
のファイル名です

半角スペースを入れないとエラーに
なる場合はこの記号で示します

■chap4_4_2.py

```
     取り込め  reモジュール
1  import␣re
     から   pathlibモジュール   取り込め  Pathオブジェクト
2  from␣pathlib␣import␣Path

3
     変数bpath  入れろ  Path作成    文字列「book.txt」
4  bpath = Path('book.txt')
     変数btext  入れろ  変数bpath   テキストを読み込め   引数encodingに文字列「utf-8」
5  btext = bpath.read_text(encoding='utf-8')
     変数stext  入れろ  re  置換しろ   raw文字列「(第[1-3]位)」    raw文字列「\1：」  変数btext
6  stext = re.sub(r'(第[1-3]位)', r'\1：', btext)
     表示しろ   変数stext
7  print(stext)
```

行番号でプログラムと読み下し文
の対応を示します

直前のサンプルから変更する部分
は黄色のマーカーで示します

読み下し文

1　reモジュールを取り込め

2　pathlibモジュールからPathオブジェクトを取り込め

3

4　文字列「book.text」を指定してPathオブジェクトを作成し、変数bpathに入れろ

5　引数encodingに文字列「utf-8」を指定し、変数bpathから読み込んだテキストを変数btextに入れろ

6　変数btextで「(第[1-3]位)」に一致した部分をraw文字列「\1：」に置換し、結果を変数stextに入れろ

7　変数stextを表示しろ

読み下し文では文字列などを赤字で示します

Chapter 1

スクレイピング
最初の一歩

スクレイピングって何？

> スクレイピングってものを覚えると便利らしいと聞いたんですけど、そもそもスクレイピングって何なんでしょうか？

> スクレイピングは、データを集める手法の1つだね。今はWeb上にさまざまなサイトがあって、大量のデータがあるのはなんとなくわかるでしょ？　スクレイピングを使うと、そのデータを集められるんだよ

> え、Web上のデータを集められるんですか！？

スクレイピングとは

　Webスクレイピング（以降、スクレイピング）は、Webページからテキストや画像を抽出する技術です。Web上には多くのサイトがあります。またスマートフォンやSNSの普及により、より多くのデータがWeb上に集まるようになったことは、容易に想像できるでしょう。スクレイピングでこのデータを取り出すと、さまざまなデータを資料作成や分析などに活用できます。

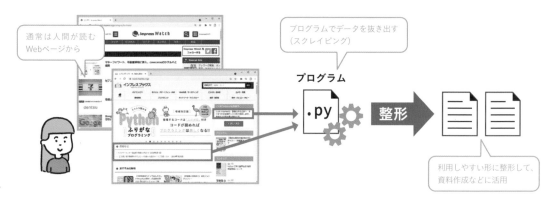

　本書ではこのスクレイピングを、プログラミング言語の1つであるPythonを使って行います。Pythonは1991年に誕生しましたが、文法がシンプルで読みやすいのでプログラミング初学者に適している点や、データ分析や機械学習を行えるライブラリ（機能）が豊富にあることから、近年とても人気がある言語です。Pythonでは、スクレイピングを行えるライブラリも充実しています。また、

Pythonを使うとPythonのほかのライブラリとの連携もできるので、スクレイピングによって得たデータを加工したり分析に利用したりすることが容易になります。

- **Python**

  https://www.python.org/

ほかのデータを集める方法とは何が違う？

　Webページ上のテキストを利用したい場合、手動でコピー＆ペーストするのが最も手っ取り早い方法でしょう。しかし取得回数が多い場合、コピー＆ペーストだと手間がかかります。また、分析しやすい形にデータを加工するのも手作業になるので、取り出す箇所が多いほど、大変になります。対してスクレイピングなら、Webページ上のテキストや画像を必要な箇所のみ取り出せて、データの整形も自動化できます。プログラムなので何度も実行できるというのもメリットといえるでしょう。

コピー＆ペーストの場合　　　　　　　　**スクレイピングの場合**

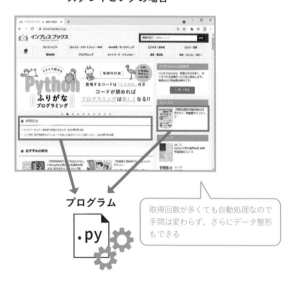

手動でコピー＆ペースト

・必要なデータが少量なら十分
・取得回数が多いと手間がかかる

プログラム

取得回数が多くても自動処理なので手間は変わらず、さらにデータ整形もできる

一般的にスクレイピングは、人間が見るためのWebページからプログラムでデータを取得する手法を指しますが、最初からプログラム向けにデータを提供するしくみを備えたWebサーバーもあります。このしくみをWeb APIと呼びます。API（Application Programming Interface）は、データのやりとりを行うためのしくみのことで、Web APIはそのAPIの中でも、Web技術を使うものを指します。例えば、ヤフーは地図情報などを取得できるWeb API、楽天は楽天市場や楽天ブックスなどのデータを取得できるWeb APIを提供しています。

- **ヤフー APIドキュメント**
  https://developer.yahoo.co.jp/sitemap/

- **楽天API一覧**
  https://webservice.rakuten.co.jp/document/

　ただしサイトによってはWeb APIが提供されていない場合もあるので、その場合はスクレイピングを使うといいでしょう。またサイト上にはあるのに、Web APIでは取り出せないデータがある場合も、スクレイピングを検討しましょう。なおスクレイピングは、Webページの仕様が変更されると動作しなくなることがあるので、Web APIのほうが比較的安定して情報を取り出せます。

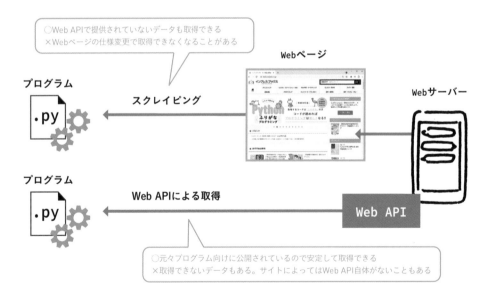

　このように、それぞれメリット・デメリットがあるので、自分が取り出したいデータやサイトの性質にあわせて、使い分ける必要があります。

常にスクレイピングすればいい、というわけではないんですね

そうだね。取得したいデータの数や、対象のサイトでWeb APIが提供されているかどうか、といった点をまず確認する必要があるんだ

スクレイピングする際の注意点

　スクレイピングはデータを集める手法として有用ですが、いくつか注意事項があります。相手のサイトに迷惑をかけないために、以下の点を必ず守りましょう。

• スクレイピングを禁止しているサイトもある

　スクレイピングを禁止しているサイトもあるので、そのサイトに対しては実施しないでください。例えば、有名なWebサービスであるTwitterは、事前の承諾なしにスクレイピングすることを禁止しています。そのためスクレイピングする際は、そのサイトの利用規約をよく確認しましょう。もし禁止されていた場合は、Web APIの利用を検討しましょう。

• 著作権

　スクレイピングしたデータには、著作権がある場合があります。商用利用や二次利用には許可が必要になることもあるので、許諾なしにそのデータを使わないようにしましょう。

• アクセス頻度

　スクレイピングでサイトへアクセスする頻度が多すぎると、相手のサイトに負荷をかける恐れがあります。そのため、取り出すデータ量や頻度は最低限にとどめてください。1秒間に1アクセス程度が目安です。

注意点が3つもあるんですね

どれもとても重要なことだよ。僕らはあくまでデータを使わせてもらう立場だから、ルールはきちんと守らないとね

いわれてみると確かにそうですね……。わかりました、肝に銘じておきます

本書の読み進め方

プログラムにふりがなが振ってあると簡単そうに見えますね。でも、本当に覚えやすくなるんですか？

身もフタもないことを聞くね……。ちゃんと理由があるんだよ

繰り返し「意味」を目にすることで脳を訓練する

　プログラミング言語で書かれたプログラムは、英語と数字と記号の組み合わせです。知らない人が見ると意味不明ですが、プログラマが見ると「それが何を意味していてどう動くのか」をすぐに理解できます。とはいえ最初から読めたはずはありません。プログラムを読んで入力して動かし、エラーが出たら直して動かして……を繰り返して、脳を訓練した期間があります。

for? if?　　　　　forとifは予約語で、=は演算子だから……

訓練後

なるほど　そう読むのか

　逆にいうと、初学者が挫折する大きな原因の1つは、十分な訓練期間をスキップして短時間で理屈だけを覚えようとするからです。そこで本書では、プログラムの上に「意味」を表す日本語のふりがなを入れました。例えば「=」の上には必ず「入れろ」というふりがながあります。これを繰り返し目にすることで、「=」は「変数に入れる」という意味だと頭に覚え込ませます。

```
変数answer  入れろ 数値10
answer = 10
```

　プログラムは英語に似ている部分もありますが、人間向けの文章ではないので、ふりがなを振っただけでは意味が通じる文になりません。そこで、足りない部分を補った読み下し文もあわせて掲載しました。

読み下し文

数値10を変数answerに入れろ

プログラムを見ただけでふりがなが思い浮かべられて、読み下し文もイメージできれば、「プログラムを読めるようになった」といえます。

実践で理解を確かなものにする

プログラムを読めるようになるのは第一段階です。最終的な目標はプログラムを作れるようになること。実際にプログラムを入力して何が起きるのかを目にし、自分の体験として感じましょう。そのため本書のサンプルプログラムは、すべて入力してみてください。

プログラムは1文字間違えただけでエラーになることがありますが、それも大事な経験です。何をすると間違いになるのか、自分が起こしやすいミスは何なのかを知ることができます。とはいえ、最初はエラーメッセージを見ると焦ってしまうはずです。そこでChapter 2とChapter 3に、「要素を取り出せない場合は」という、エラー対応を学ぶための節を用意しました。サンプルプログラムを入力したときに起こしがちなエラーをふりがな入りで説明しています。また、エラーの原因を特定するためのテクニックも紹介しているので、つまずいたときはそこを読んでみてください。

スポーツでも、本を読むだけじゃ上達しないのと同じですね。実際にやってみないと

 そうそう。脳も筋肉と同じで、繰り返しの訓練が大事なんだよね。特にスクレイピングは、取り出したい箇所にあわせて自分でプログラムを考える必要があるから、何度も試行錯誤することが重要だよ

実践あるのみですね

 本書ではスクレイピングのさまざまなパターンを解説しているから、これらを繰り返し行うことで、自力でスクレイピングできる力が身についてくるはずだよ。一緒に頑張ろう

NO 03

Pythonのインストール

何はともあれ、まずはPythonのインストールから始めよう

前にインストールしたPythonがあるんですけど、そのままでいいですか？

この本はPython 3.9系を対象に説明しているので、それ以降のバージョンにしたほうがトラブルは少ないね

Pythonをダウンロードする

Pythonで書かれたプログラムを動かすには、それを解釈してパソコンに指示を伝える通訳プログラム（インタープリタ）が必要です。公式サイト（https://www.python.org/downloads/）から無料で入手できます。Pythonにはバージョンが複数ありますが、本書では3.9系の最新バージョンをダウンロードしてください。3.9.xをベースに解説するので、それより新しいバージョンなら問題ありません。

なお、前にインストールしたPythonのバージョンを確認したい場合は、PowerShell（P.25参照）で「python -V」コマンド（macOSの場合はターミナルで「python3 -V」コマンド）を実行しましょう。

Pythonの公式サイトにブラウザでアクセスすると、使用しているパソコンに対応したものをダウンロードするボタンが表示されます。

❶ブラウザで公式サイトを表示

❷［Download Python 3.9.x］をクリック

❸ファイルをクリック

Pythonをインストールする

Pythonのインストールは、基本的に画面の表示にしたがって操作を進めていけば完了します。ただし、[Add Python 3.x to PATH]にチェックマークを付けてインストールするように注意してください。もし、途中で「ユーザーアカウント制御」の画面が表示されたら、[はい]をクリックしてください。

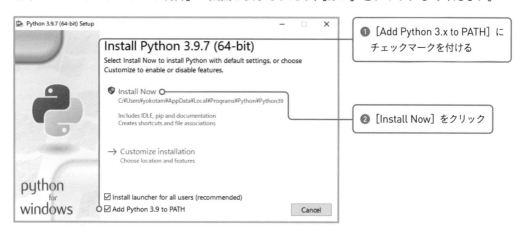

❶ [Add Python 3.x to PATH] に
チェックマークを付ける

❷ [Install Now] をクリック

macOSの場合は？

macOSには標準でPythonがインストールされています。しかしバージョンが古いので、公式サイトからダウンロードして最新バージョンにしてください。ダウンロードまでの手順はWindowsと変わりません。ダウンロードしたファイルをダブルクリックすると、インストーラが実行されます。

インストールが完了すると、[アプリケーション]フォルダ内に[Python 3.x]フォルダが作られます。最初に「Install Certificates.command」をダブルクリックしてください。これはPythonがインターネットを介して通信する際に使うSSL証明書（セキュリティ関連のファイル）をインストールするものです。ライブラリをインストールする際に必要となります。

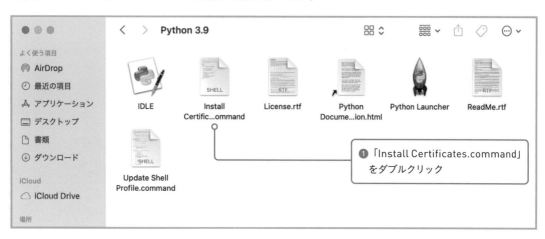

❶ 「Install Certificates.command」
をダブルクリック

Visual Studio Codeの
インストール

次は、Pythonのプログラムを記述するのに使うテキストエディタをインストールしよう

え、テキストエディタも必要なんですか？　Windowsとかに入ってる「メモ帳」じゃダメなんでしょうか？

プログラミング用のテキストエディタのほうが、役立つ機能がたくさん搭載されていて便利なんだ。ここではVisual Studio Codeをインストールするよ

Visual Studio Codeとは

Visual Studio Code（以降、VS Code）は、マイクロソフト製の無料のテキストエディタです。機能が豊富で、さまざまな拡張機能も配布されていることから、近ごろとても人気があります。本書では、Pythonのプログラムを書くのに、このVS Codeを使います。

VS Codeのインストール手順を解説します。ブラウザで、VS Codeの公式サイトにアクセスしてください。

- **VS Code公式サイト**
  https://code.visualstudio.com/

VS Codeをインストールする

❶ [Download for XX]
をクリック

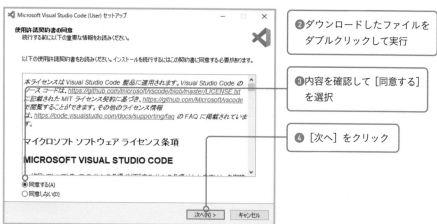

❷ ダウンロードしたファイルを
ダブルクリックして実行

❸ 内容を確認して [同意する]
を選択

❹ [次へ] をクリック

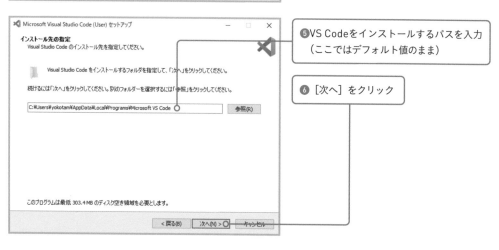

❺ VS Codeをインストールするパスを入力
（ここではデフォルト値のまま）

❻ [次へ] をクリック

⑦ ［次へ］をクリック

⑧ ［次へ］をクリック

⑨ ［インストール］をクリック

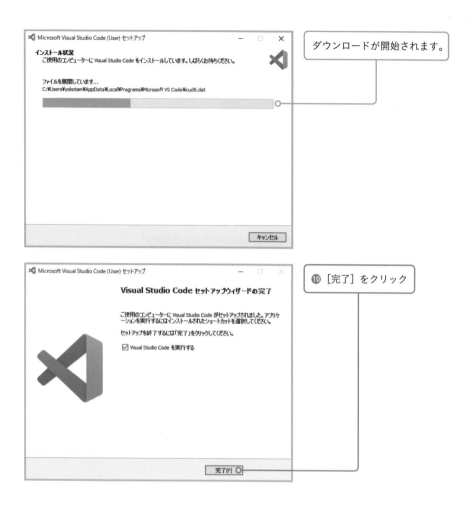

ダウンロードが開始されます。

⑩［完了］をクリック

VS Codeを日本語化する

インストールしたVS Codeを起動するとわかるように、メニュー名が英語表記になっています。これ
ではわかりづらいので、日本語化する手順を解説します。

❶［Extensions］をクリック

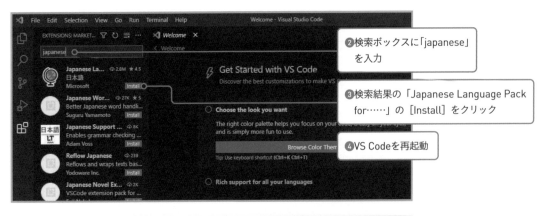

❷検索ボックスに「japanese」を入力

❸検索結果の「Japanese Language Pack for……」の [Install] をクリック

❹VS Codeを再起動

VS Codeが日本語表記になりました。

VS Codeの色を変更する

VS Codeは、初期状態だと画面の色が黒くなっています。暗くて見づらい場合は、[管理]（VS Codeの左下に表示されている歯車アイコン）- [配色テーマ] の順にクリックし、ライトテーマのいずれかを選択しましょう。本書ではこれ以降、配色テーマは「Light（Visual Studio）」とします。

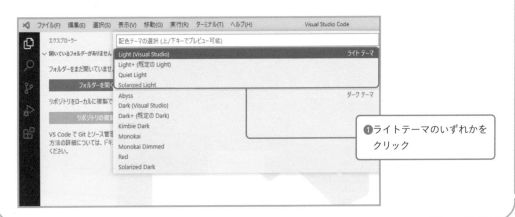

❶ライトテーマのいずれかをクリック

Python用の拡張機能をインストールする

　VS CodeにはPythonを記述するための拡張機能もあるので、インストールしておきましょう。インストールしておくと、関数と引数の概要が表示されたり、関数やメソッドの予測候補が表示されたりするので、よりプログラミングがしやすくなります。

❶ ［拡張機能］をクリック

❷検索ボックスに「python」と入力

❸検索結果の「Python」の［インストール］をクリック

「アンインストール」と表示されたらインストール完了です。

スクレイピングに必要な
ライブラリのインストール

> PythonとVS Codeをインストールしましたけど、これで準備は完了ですか？

> あとは「ライブラリ」が必要だよ。これを使うと、Pythonでのスクレイピングがとても簡単になるんだ

スクレイピングに必要なライブラリ

スクレイピングにはライブラリが必要です。ライブラリとは、機能がまとめられたものを指し、Pythonではたくさんのライブラリが用意されています。ライブラリを使うことで、高度な機能も簡単にプログラミングできます。

ライブラリには標準ライブラリとサードパーティ製パッケージの2種類があります。標準ライブラリはPythonにはじめから付属しているものです。サードパーティ製パッケージは、第三者（企業や開発者など）が開発しているもので、使うには、個別でインストールする必要があります。

本書では、スクレイピングにRequests（リクエスツ）とBeautifulSoup4（ビューティフルスープフォー）という2つのサードパーティ製パッケージを使います。

- **Requests**

  ブラウザでWebページを表示する際、そのWebページのやりとりには、HTTPというプロトコル（通信規約）が使われています。Requestsは、このHTTP通信をPythonで行えるようにするライブラリです。スクレイピングしたいWebページを取得するのに使います。

- **BeautifulSoup4**

  BeautifulSoup4（以降、BeautifulSoup）は、HTMLやXMLからデータを取得・解析するためのライブラリです。取得したWebページから必要な要素やテキストを取り出すのに使います。

> この2つのライブラリの詳細は実際使うときにまた説明するから、ここでは大まかな理解で問題ないよ

サードパーティ製パッケージのインストールは、Pythonに標準で搭載されている、pip（ピップ）というパッケージインストーラを使って行います。ここでは、このpipを使って、Requestsと BeautifulSoupをインストールします。

ライブラリをインストールする

　ライブラリをインストールするには、pip installコマンドをPowerShellで実行します。PowerShellは、Windowsに標準で搭載されているツールです。コマンドと呼ばれる命令文を入力して、パソコンを操作することができます。

❶［スタート］メニューのボックスに「powershell」と入力

❷「Windows PowerShell」をクリック

　PowerShellを起動すると、青いウィンドウが表示されます。

PowerShellが起動します。

　PowerShellにpipコマンドを入力しましょう。今回はRequestsとBeautifulSoupをインストールするので、次のように入力してください。なお、「beautifulsoup4」を「beautifulsoup」にすると、別のライブラリがインストールされてしまうので注意してください。

```
pip install requests beautifulsoup4
```

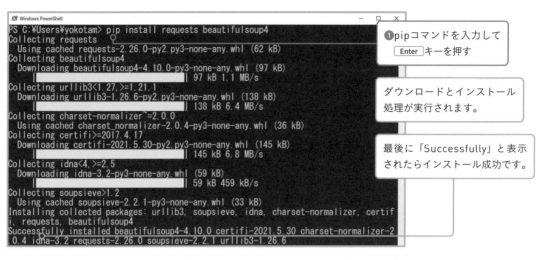

❶pipコマンドを入力して Enter キーを押す

ダウンロードとインストール処理が実行されます。

最後に「Successfully」と表示されたらインストール成功です。

macOSの場合はターミナルを起動して、pipをpip3に変えて実行してください。

❶Launchpadで [ターミナル] をクリック

❷pip3コマンドを入力して Enter キーを押す

pipにはほかにも便利なコマンドがある

pipには、installコマンド以外にも、便利なコマンドが多数用意されています。例えば「pip list」と入力すると、インストールされているライブラリの一覧を表示できます。またライブラリをアンインストールするには、uninstallコマンドを使用します。「pip uninstall -y 」のあとに、ライブラリ名を入力します。

pip uninstall -y ライブラリ名——指定したライブラリがアンインストールされる

NO 06 VS Codeでプログラムを作成してみよう

 じゃあVS Codeを使って、Pythonのプログラムを作成してみよう

VS Codeを使うの初めてなんですけど、何をどうすればいいんですか？

 これから1つずつ説明していくから安心して。最初だから、スクレイピングではなく簡単な計算のプログラムを作ってみよう

VS Codeを起動する

Windowsの場合、VS Codeはスタートメニューから起動します。

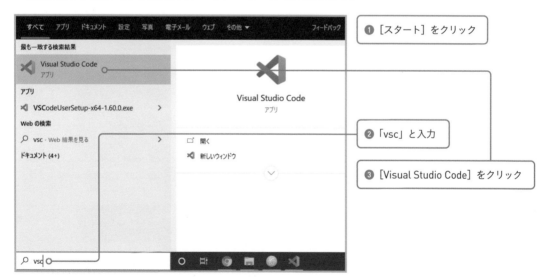

❶［スタート］をクリック

❷「vsc」と入力

❸［Visual Studio Code］をクリック

プログラムを作成する

VS Codeを起動したら、Pythonのプログラムを作成し、実行してみましょう。最初なので、簡単な計算を行うだけのプログラムです。プログラムの作成はVS Code、Pythonの実行はPowerShellで行います。

VS Codeでプログラムを作成するには、まずプログラムの作成場所となる「フォルダ」を開きます。

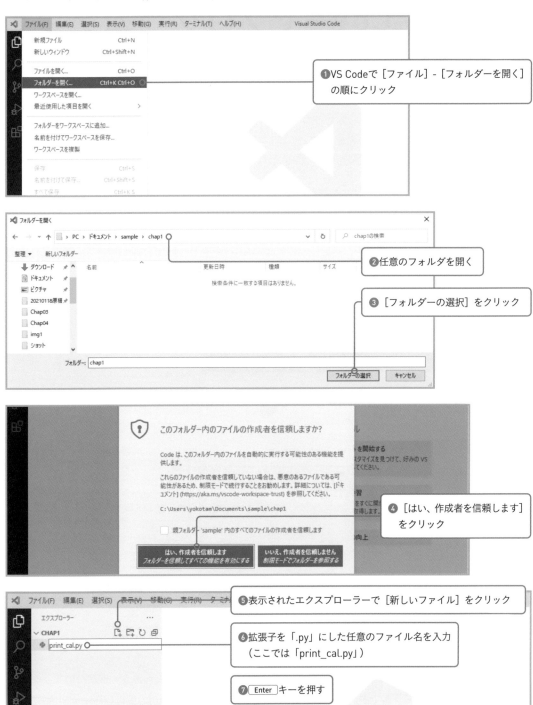

❶VS Codeで［ファイル］-［フォルダーを開く］
の順にクリック

❷任意のフォルダを開く

❸［フォルダーの選択］をクリック

❹［はい、作成者を信頼します］
をクリック

❺表示されたエクスプローラーで［新しいファイル］をクリック

❻拡張子を「.py」にした任意のファイル名を入力
（ここでは「print_cal.py」）

❼ Enter キーを押す

■ print_cal.py

表示しろ　数値2　足す　数値3

1 `print( 2 + 3 )`

プログラムを実行する

　VS Codeだけでもプログラムは実行できますが、VS Code内に実行結果を出力するエリアが表示されるので、その分プログラムを入力する領域が狭くなります。特にスクレイピングの場合、実行結果が長いテキストになりがちで見づらいことがあるので、本書では、VS Codeで作成したサンプルプログラムをPowerShellで開いて、Pythonのプログラムを実行します。

> プログラムの作成にVS Code、実行にPowerShellを使うこの方法は、よく覚えておこう。もし、VS Codeだけで実行したい場合は、VS Codeの上部にある［実行］から、［デバッグなしで実行］をクリックしてね

　まずはプログラムが存在するフォルダを、PowerShellの現在位置のフォルダ（以降、カレントフォルダ）にする必要があります。

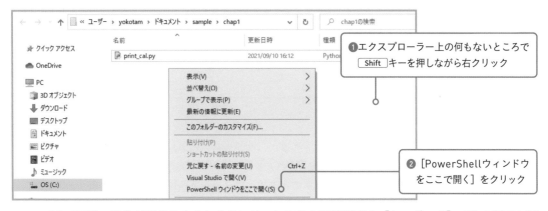

　macOSで同様の操作が行えるようにするには、システム環境設定の［キーボード］で次の設定を行います。

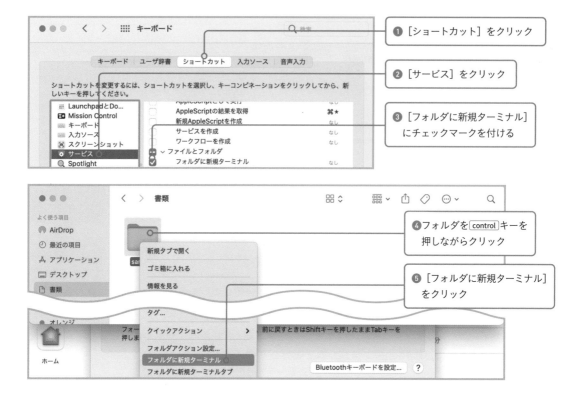

PowerShellが開いたら「python プログラムのファイル名」と入力してプログラムを実行します。macOSで実行する場合は、ターミナルで「python3 プログラムのファイル名」を入力してください。

カレントフォルダを移動するには

PowerShellやターミナルではカレントフォルダのパスが表示されており、実行するプログラムやコマンドは、このカレントフォルダ上で実行されます。そのため、実行したいプログラムが別のフォルダにある場合は、PowerShellやターミナル上でそのフォルダに移動する必要があります。カレントフォルダを移動したい場合は「cdコマンド 移動先のパス」を入力します。
またカレントフォルダから1つ上のフォルダに移動したい場合は、「cd ..」を入力します。

Chapter **2**

スクレイピングを
やってみよう

HTMLを理解することが スクレイピングの第一歩

PythonやVS Codeのインストールもできたし、準備は完璧ですよ！　さっそくスクレイピングしてみたいです

その前にHTMLについておさらいしておこう。スクレイピングには欠かせない知識だからね

まだ準備が必要なんですか？　仕方ないですね……

スクレイピングにはHTMLの理解が必要

　スクレイピングは、Webページからテキストや画像を抽出する技術です。スクレイピングには、大まかに、次の2つの手順が必要です。

①Webページを取得する
②取得したWebページから必要な部分を取り出す

　手順①にあるように、まずはWebページを取得する必要があります。Webページは、HTML（Hyper Text Markup Language）という言語で作られています。ブラウザでWebページを表示する場合、ブラウザが対象のサーバーと通信し、そのサーバーから受け取ったHTMLを解析することで、Webページを描画しています。このとき、ブラウザがサーバーへ通信することをリクエストを送るといい、そのサーバーからの通信を受け取ることをレスポンスを受け取るといいます。HTMLもレスポンスとして送られてきます。

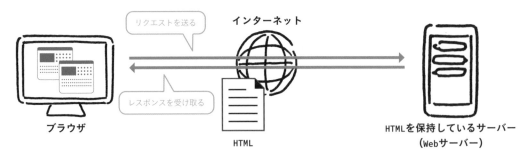

HTMLでは、例えばテキストやボタン、入力フォームといったものは、タグを使って作成します。手順①で取得したWebページから必要な部分を取り出すには、このタグの名前などを使用します。そのため、スクレイピングする際は、HTMLを理解しておく必要があります。

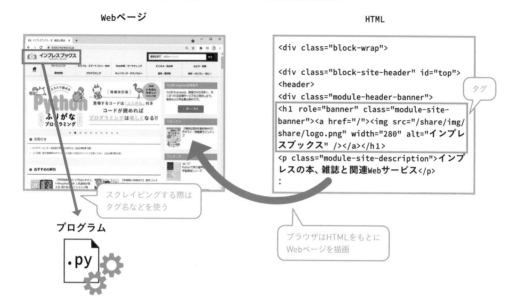

HTMLにはたくさんのタグが用意されています。ここでは、代表的なタグを紹介しましょう。

代表的なタグ

タグ	意味
\<h1\>	見出しの作成。h1以外にもh2、h3……とある
\<a\>	リンクの作成
\<img\>	画像の挿入
\<table\>	テーブル（表）の作成
\<div\>	複数のタグをまとめるグループを作成。装飾などのために使用される
\<ul\>	リスト（箇条書き）を作成
\<p\>	段落を作成
\<form\>	フォームを作成
\<button\>	ボタンを作成

 スクレイピングでは、タグ名とかを指定することで、対象のテキストや画像を取り出すんだ

サンプルのWebページを見てみよう

本物のWebページをスクレイピングする前に、練習用のWebページを用意しました。まずは、HTMLを確認してみましょう。次節以降、このWebページを使ってスクレイピングします。

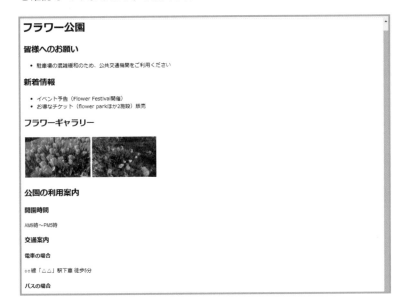

flowerpark.html

```
<!DOCTYPE html>
<html lang="ja">
<head>
  <meta charset="utf-8">
  <link href="flower.css" rel="stylesheet">
  <title>フラワー公園</title>
</head>
<body>
  <h1>フラワー公園</h1>
  <div class="block-news">
    <h2>皆様へのお願い</h2>
    <ul>
      <li>駐車場の混雑緩和のため、公共交通機関をご利用ください</li>
    </ul>
  </div>
  <div class="block-news">
```

```html
        <h2>新着情報</h2>
        <ul>
            <li>イベント予告（Flower Festival開催）</li>
            <li>お得なチケット（flower parkほか2施設）販売</li>
        </ul>
    </div>
    <div class="block-gallery">
        <h2>フラワーギャラリー</h2>
        <div class="gallerybox">
            <div class="imgbox">
                <a href="gallery/flower1.html">
                    <img src="img/flower1.jpg" width=" 200" height="120" alt="">
                </a>
            </div>
            <div class="imgbox">
                <a href="gallery/flower2.html">
                    <img src="img/flower2.jpg " width=" 200" height="120" alt="">
                </a>
            </div>
        </div>
    </div>
    <div class="block-usage">
        <h2>公園の利用案内</h2>
        <div>
            <h3>開園時間</h3><span class="info-open">AM9時〜PM5時</span>
        </div>
        <div>
            <h3>交通案内</h3>
            <h4>電車の場合</h4><span class="info-access">○○線「△△」駅下車 徒歩5分</span>
            <h4>バスの場合</h4><span class="info-access">○○バス「△△」下車 徒歩2分</span>
        </div>
    </div>
</body>
</html>
```

このそっけない文字列がWebページになるんですね〜。なんだかすごいです

Webページ上で表示されているコンテンツが、HTMLのタグだとどれにあたるのか、主なものを次にまとめます。

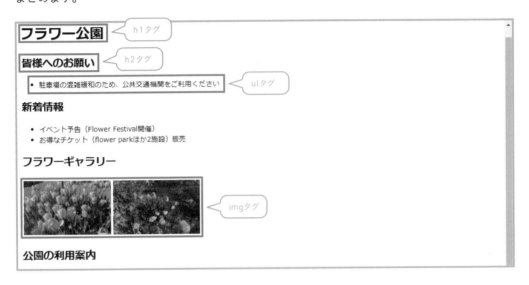

主なコンテンツとHTML（タグ）の対応

Webページ上のコンテンツ	HTML（タグ）
フラワー公園	\<h1>フラワー公園\</h1>
皆様へのお願い	\<h2>皆様へのお願い\</h2>
駐車場の混雑緩和のため……	\<ul>\<li>駐車場の混雑緩和のため、公共交通機関をご利用ください\</li>\</ul>
画像	\<img src="img/flower1.jpg" width=" 200" height="120" alt="">

なお、タグによっては開始タグと終了タグがあります。例えば「\<h1>フラワー公園\</h1>」の開始タグは「\<h1>」、終了タグは「\</h1>」です。この開始タグ〜終了タグまでのタグ全体のことを要素といいます。

Webページを作るわけじゃないからHTMLをすべて理解する必要はないけど、Webページの構造をある程度把握することがスクレイピングには必要なんだよ

スクレイピングにはHTMLの知識が必要なんですね……。知らなかったです。ついていけるか不安になってきました

HTMLやタグの名前については、随時補足していくよ。だから安心してね

Webページから
要素を取り出す

じゃあ実際にスクレイピングしてみよう

やっとですね！　楽しみです

まずはタグ名を指定して、要素を1つ取り出す方法に挑戦しよう

HTMLファイルの読み込み

　スクレイピングには、「Webページの取得」と「取得したWebページから必要な要素を取り出す」という2つの手順があることは説明しました。Webページの取得には、本来はRequestsというライブラリなどを使います。しかしここでは、カレントフォルダ（プログラムと同じフォルダ）に配置したHTMLファイル「flowerpark.html」を使用します。実際のWebページをスクレイピングする手順は追って解説するので、まずはWebページから必要な要素を取り出す方法について学んでいきましょう。なお「flowerpark.html」の入手方法については、サンプルプログラムのダウンロードページ（P.191）を参照してください。

　フォルダに配置したHTMLファイルを読み込むにはpathlibモジュールのPathオブジェクトを使用します。このオブジェクトはファイルパスを記憶でき、そのメソッドを利用してファイルの読み込みやフォルダの追加・削除などの操作を行えます。

　PathオブジェクトはPath()で作成します。引数はファイルやフォルダを表す文字列です。引数を省略すると、カレントフォルダが対象になります。

```
変数hfile  入れろ  Path作成        文字列「flowerpark.html」
hfile = Path('flowerpark.html')
```

読み下し　　　　　　文字列「flowerpark.html」を指定してPathオブジェクトを作成し、
　　　　　　　　　　変数hfileに入れろ

　対象のHTMLファイルを表すPathオブジェクトを作成したら、read_textメソッドを利用して読み込みます。戻り値は読み込んだテキストです。

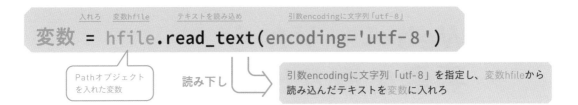

引数encodingには文字コードを表す文字列を指定します。文字コードは文字列の記録方式で、「utf-8」「utf-16」「shift-jis」などの種類があります。ここで読み込むHTMLファイルの文字コードは「utf-8」なので、引数encodingには「utf-8」を指定します。

HTMLファイルを読み込んでテキストを表示する

まずはHTMLファイルを読み込んでみましょう。プログラムを書く前に、「flowerpark.html」をプログラムと同じフォルダに配置してください。

■chap2_2_1.py

```
1  from pathlib import Path
2
3  hfile = Path('flowerpark.html')
4  htext = hfile.read_text(encoding='utf-8')
5  print(htext[:150])
```

pathlibモジュールからPathオブジェクトをインポートします。そして、対象のHTMLファイル「flowerpark.html」を表すPathオブジェクトを作成して、変数hfileに入れます。あとはread_textメソッドで読み込むだけです。ファイル内のテキストが返されるので変数htextに入れておき、結果確認のためにprint関数で表示しています。

読み下し文

1	pathlibモジュール**から**Pathオブジェクト**を取り込め**
2	
3	文字列「flowerpark.html」**を指定して**Pathオブジェクト**を作成し、**変数hfile**に入れろ**

4	引数encodingに文字列「utf-8」を指定し、変数hfileから読み込んだテキストを変数htextに入れろ
5	変数htextの先頭150文字を表示しろ

プログラムを実行すると、HTMLファイルのテキストの先頭150文字が表示されます。

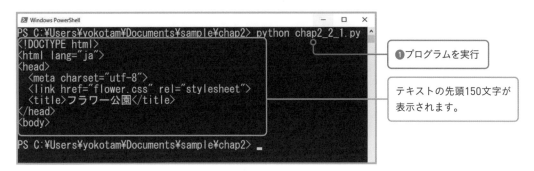

❶プログラムを実行

テキストの先頭150文字が表示されます。

HTMLファイル内のテキストは行数が多いので、取得したテキストをすべて表示すると、結果が見づらくなります。そのため、変数htextに対してPythonの「スライス」を使っています。テキストに対して「スライス」を使うと、開始インデックスから終了インデックスの直前までの文字列を取り出せます。ここでは、開始インデックスを省略して「htext[:150]」と指定することで、変数htextの先頭150文字を取得し、画面に表示しています。

読み下し

変数htextの先頭150文字

変数htext ：数値150

htext[:150]

テキストを入れた変数

スライスを使うと範囲を指定できる

まぁ、あんまり長いテキストが表示されてもしょうがないですしね

HTMLから要素を取り出す

次は、読み込んだHTMLファイルから、要素を取り出してみよう。これがいわゆるスクレイピングってやつだね

要素を取り出すには、BeautifulSoupというライブラリを使用します。BeautifulSoupで要素を取り出すには、まずBeautifulSoupオブジェクトの作成が必要です。そのためimport文「from bs4 import BeautifulSoup」を記述し、BeautifulSoup()でBeautifulSoupオブジェクトを作成します。

BeautifulSoup()の引数には、HTMLファイルから読み込んだテキストと、テキストの解析を行うツールであるパーサーの指定が必要です。パーサーには「html.parser」「lxml」「lxml-xml」「html5lib」という種類があります。種類によって速度などが異なりますが、本書では、追加ライブラリのインストールが不要な「html.parser」を使用します。

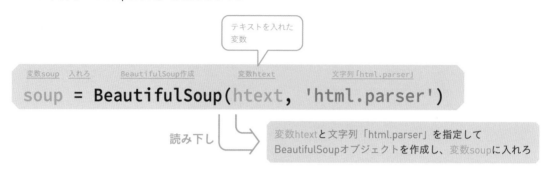

BeautifulSoupオブジェクトを作成したら、find（ファインド）メソッドを使って要素を探します。findメソッドは、見つかった要素を先頭から1つだけ返します。引数は対象のタグ名を表す文字列です。引数を省略すると、すべての要素が対象になります。戻り値は、見つかった要素を表すTag（タグ）オブジェクトです。

なお、要素が見つからなかった場合の戻り値は、Noneです。Noneは、Pythonに用意されている定数の1つで、オブジェクトがないことを表します。

h2タグを1つ取り出す

findメソッドを使って、「flowerpark.html」のh2タグを1つ取り出してみましょう。

■chap2_2_2.py

```
から　pathlibモジュール　取り込め　Pathオブジェクト
from␣pathlib␣import␣Path
から　bs4モジュール　取り込め　BeautifulSoupオブジェクト
from␣bs4␣import␣BeautifulSoup

変数hfile　入れろ　Path作成　文字列「flowerpark.html」
hfile = Path('flowerpark.html')
変数htext　入れろ　変数hfile　テキストを読み込め　引数encodingに文字列「utf-8」
htext = hfile.read_text(encoding='utf-8')
変数soup　入れろ　BeautifulSoup作成　変数htext　文字列「html.parser」
soup = BeautifulSoup(htext, 'html.parser')
変数h2　入れろ　変数soup　探せ　文字列「h2」
h2 = soup.find('h2')
表示しろ　変数h2
print(h2)
表示しろ　変数h2　テキスト
print(h2.text)
```

読み下し文

pathlibモジュールからPathオブジェクトを取り込め
bs4モジュールからBeautifulSoupオブジェクトを取り込め

文字列「flowerpark.html」を指定してPathオブジェクトを作成し、変数hfileに入れろ
引数encodingに文字列「utf-8」を指定し、変数hfileから読み込んだテキストを変数htextに入れろ
変数htextと文字列「html.parser」を指定してBeautifulSoupオブジェクトを作成し、変数soupに入れろ
変数soupから「h2」タグを探し、変数h2に入れろ
変数h2を表示しろ
変数h2のテキストを表示しろ

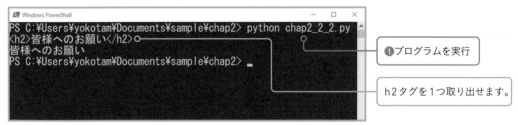

❶プログラムを実行

h2タグを1つ取り出せます。

要素を取り出せましたよ〜！　これがあのスクレイピング……！

なお、findメソッドで取り出した要素には「<h2>皆様へのお願い</h2>」のようにタグの部分も含まれています。タグの部分を除いたテキストだけを取得したい場合は、取り出した要素に対してtext属性を使用します。

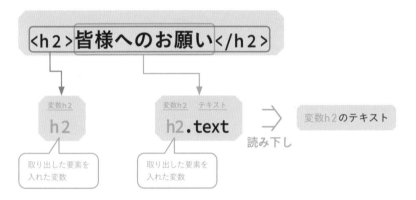

<h2>皆様へのお願い</h2>

変数h2
h2
取り出した要素を入れた変数

変数h2　テキスト
h2.text
取り出した要素を入れた変数

読み下し

変数h2のテキスト

タグの部分よりテキストの部分を使いたい場合が多いから、text属性はとてもよく使うよ。ぜひ覚えておこう

複数のタグが含まれた要素でtext属性を使う

複数のタグが含まれた要素に対しても、text属性を使用できます。例えば、findメソッドで以下のdivタグを取り出してtext属性を使用した場合は、タグの部分をすべて取り除いた、「皆様へのお願い」と「注意事項」を結合した文字列が取得できます。

```
<div class="block-news"><h2>皆様へのお願い</h2><h2>注意事項</h2></div>
```

HTMLの要素からHTML属性を取り出す方法

　findメソッドで取り出した要素から、テキストではなく、HTML属性を取得することも可能です。HTML属性とは、HTMLでその要素に対して何らかの設定を行うものです。例えば、リンクを作成するaタグのhref属性はリンク先のパスを指定するものなので、以下のようになります。

```
<a href="gallery/flower1.html">チューリップです</a>
```

　HTML属性を取り出す場合は、Tagオブジェクトで角カッコの中にHTML属性の名前を指定します。Pythonの「辞書」で、キーを指定して値を取り出すのと同じ要領です。

aタグのhref属性を取り出す

　「flowerpark.html」のaタグから、href属性を取得してみましょう。

P.41のプログラムでBeautifulSoupオブジェクトを作成する「soup = BeautifulSoup(htext, 'html.parser')」という処理のあとを、以下のようにします。

■chap2_2_3.py

読み下し文

7 変数soupから「a」タグを探し、変数a_tagに入れろ

8 変数a_tagの「href」属性を表示しろ

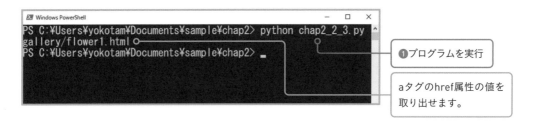

❶プログラムを実行

aタグのhref属性の値を取り出せます。

---

findメソッドを使わずに要素を1つだけ取り出す方法

BeautifulSoupオブジェクトに対してタグ名を「.（ドット）」でつないで記述すると、findメソッドのように、見つかった要素を先頭から1つだけ取り出せます。例えば以下のように記述すると、対象のWebページから、1つ目のaタグを取り出せます。

```
soup = BeautifulSoup(htext, 'html.parser')
soup.a
```

また以下のように記述すると、先頭のaタグ内にある1つ目のimgタグを取り出せます。

```
soup.a.img
```

この記法では、必ずタグ名の記述が必要です。タグ名を指定せず、後述するid属性やclass属性を指定したい場合は、findメソッドを使う必要があります。そのため本書では基本的に本記法は使っていませんが、findメソッドより簡単に記述できるので、取り出したい要素にあわせて使い分けてみるといいでしょう。

HTML属性を指定して要素を取り出す

NO 03

さっきはタグ名を使ったけど、HTML属性を条件にして要素を取り出すこともできるんだ。さっそくやってみよう

それってどういうときに使うんですか？

タグのid属性やclass属性で要素を探したいときだね。意外とよく使うよ

id属性・class属性を指定して要素を取り出す

findメソッドは、タグ名だけではなく、タグのid属性やclass属性を指定して要素を取り出すこともできます。id属性は、タグに識別子を付けたいときに使われます。HTML内で一意の値なので、スクレイピングでは複数の要素を取得するのではなく、特定の要素を1つだけ取り出したいといった場合に利用します。対してclass属性は、その要素のデザインを調整したいときに使われます。同じデザインの要素を複数作りたい場合は、class属性に同じ値を指定することが多くあります。そのためスクレイピングでは、ある役割を担う要素を取得したい場合などに利用します。

例えば、id属性が「flowerinfo」でclass属性が「block-news」のdivタグがあるとすると、HTMLでは以下のようになります。

```
<div id="flowerinfo" class="block-news">新着情報</div>
```

findメソッドでid属性を指定したい際は、引数idを使います。

入れろ　変数soup　　探せ　　　　引数idに文字列「flowerinfo」

$$変数 = soup.find(id='flowerinfo')$$

BeautifulSoupオブジェクトを入れた変数

読み下し　　引数idに文字列「flowerinfo」を指定して変数soupから探し、変数に入れろ

findメソッドでclass属性を指定したい際は、引数class_を使います。「class」はPythonの予約語なので、「class_」と記述することに注意しましょう。

入れろ　変数soup　　　探せ　　　　　　　引数class_に文字列「block-news」

変数 = soup.find(class_='block-news')

BeautifulSoupオブジェクト
を入れた変数

読み下し

引数class_に文字列「block-news」を指定して
変数soupから探し、変数に入れろ

class属性を条件に要素を取り出す

「flowerpark.html」でclass属性が「block-news」の要素を1つ取り出してみましょう。この
HTMLには、class属性が「block-news」のdivタグが2つ含まれています。

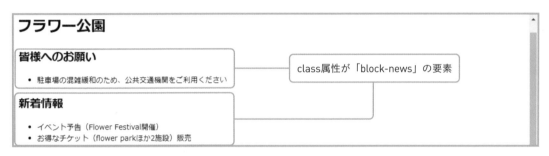

■chap2_3_1.py

……前略……

変数news　入れろ　変数soup　　　探せ　　　　引数class_に文字列「block-news」

7　`news = soup.find(class_='block-news')`

表示しろ　　　変数news

8　`print(news)`

読み下し文

7　引数class_に文字列「block-news」を指定して変数soupから探し、変数newsに入れろ

8　変数newsを表示しろ

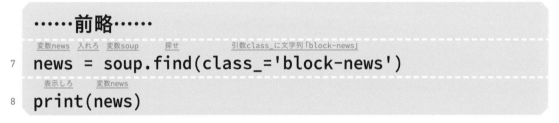

❶プログラムを実行

class属性が「block-news」
の要素を1つ取り出せます。

　block-newsクラスのタグのうち、最初に出現するのは「皆様へのお願い」を含むdivタグなので、「<div class="block-news"><h2>皆様へのお願い…</div>」という値が取得されます。

class属性とタグ名を指定して要素を取り出す

　findメソッドには、HTML属性とタグ名の両方を指定することもできます。次は、class属性が「info-access」のspanタグを1つ取り出すプログラムです。

「Webページ下部にあるclass属性が「info-access」のspanタグ」

■chap2_3_2.py

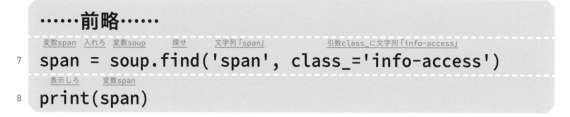

```
……前略……
```

変数span　入れろ　変数soup　　　探せ　　　文字列「span」　　　　　引数class_に文字列「info-access」

7
```
span = soup.find('span', class_='info-access')
```

表示しろ　　　変数span

8
```
print(span)
```

読み下し文

7　引数class_に文字列「info-access」を指定して変数soupから「span」タグを探し、変数spanに入れろ

8　変数spanを表示しろ

❶プログラムを実行

class属性が「info-access」のspanタグを1つ取り出せます。

　このHTMLには、ほかのclass属性のspanタグも含まれていますが、findメソッドで引数class_を使うことにより、class属性が「info-access」のspanタグを取得できていることがわかります。

要素を取り出す方法はまだまだあるから、順番に紹介していくよ〜

Webページから
要素を複数取り出す

要素を1つ取り出す方法はわかりましたけど、複数取り出したい場合はどうすればいいんですか？

複数取り出すには、findメソッドではなく、find_allメソッドを使うよ

違うメソッドを使うんですね

要素を複数取り出すには

　ここまで解説してきたfindメソッドは、要素を1つだけ取り出すものでした。条件に一致した要素をすべて探すには、find_all（ファインドオール）メソッドを使います。引数は、findメソッドと同様で、タグ名を表す文字列です。引数を省略すると、すべての要素が対象になります。

```
変数 = soup.find_all(タグ名)
```

> 入れろ　変数soup　　　すべて探せ

BeautifulSoupオブジェクト
を入れた変数

読み下し → 変数soupからタグ名をすべて探し、
変数に入れろ

　find_allメソッドの戻り値は、取り出した要素を保持しているResultSet（リザルトセット）オブジェクトです。ResultSetオブジェクトはBeautifulSoup独自のオブジェクトで、Pythonのリストのように扱えます。

[要素1, 要素2, 要素3……]

Webページから取り出した要素
がリストのようになっている

　for文などを使うと、要素を1つずつ取り出すことができます。

なお、取り出した要素が1つだったとしても、Tagオブジェクトではなく、ResultSetオブジェクトが戻り値になります。また要素が見つからなかった場合、findメソッドではNoneが戻り値ですが、find_allメソッドでは空のResultSetオブジェクトが戻り値になります。このように、findメソッドとfind_allメソッドでは異なる点がいくつかあるので注意しましょう。

findメソッドとfind_allメソッドの違い

	findメソッド	find_allメソッド
取り出す要素	先頭1件	見つかった要素すべて
要素が見つかった場合の戻り値	Tagオブジェクト	ResultSetオブジェクト（リストのように扱える。その中にTagオブジェクトが収められている）
要素が見つからない場合の戻り値	None	空のResultSetオブジェクト

取り出す要素の数だけじゃなくて、ほかにも違いがあるんですね

そうだね。最初はちょっと難しいかもしれないけど、この違いを理解することは、自力でスクレイピングできるようになることにもつながるんだよ。だから、よく覚えておいてね

find_allメソッドの書き方

要素を複数取り出すには、「find_all」を省略して、以下のように記述することも可能です。ただしこの記法だと何の操作が行われているのかがわかりにくいので、本書ではこの記法は使いません。

```
soup = BeautifulSoup(htext, 'html.parser')

soup('a')  ——— find_all('a')と同じ
```

Webページ内のh2タグをすべて取り出す

find_allメソッドを使って、「flowerpark.html」内のh2タグをすべて取得します。

■chap2_4_1.py

```
……前略……
```

```
7  for h2 in soup.find_all('h2'):
8      print(h2, ':', h2.text)
```

なお、find_allメソッドで取り出した要素でも、text属性を使うとテキストを取得できます。

読み下し文

7 変数soupから「h2」タグをすべて探し、変数h2に順次入れる間、以下を繰り返せ

8 　変数h2、文字列「：」、変数h2のテキストを表示しろ

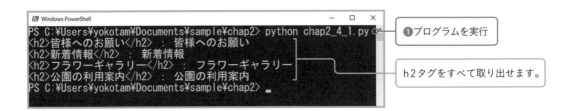

❶プログラムを実行

h2タグをすべて取り出せます。

このように、find_allメソッドを使って取り出した要素は、for文で1つずつ取り出せます。今回の例では、戻り値のResultSetオブジェクトは、以下のようになっています。

複数の要素がリストのように格納されているこのイメージは、findメソッドとの違いを理解する上でもとても大事なんだ

find_allメソッドは複数の要素を取り出せるから、それがリストのようになっているわけですね

うん。この点を理解していないと、エラーが発生するプログラムを書きがちになっちゃうんだよね……。だから、しっかり押さえておこう

複数種類のタグをすべて取り出す

find_allメソッドの引数にタグ名のリストを記述すると、複数種類のタグを一度に取り出すことができます。

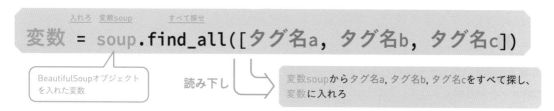

find_allメソッドに、リストを指定することもできるんですね

そうなんだ。複数種類のタグを取り出したいとき、find_allメソッドをタグの種類分書くのは手間だから、この方法を使うといいよ

　この方法を使って、「flowerpark.html」内のh1タグとh2タグ、h3タグをすべて取り出してみましょう。

■chap2_4_2.py

```
……前略……
7   for h_tag in soup.find_all(['h1', 'h2', 'h3']):
8       print(h_tag)
```

読み下し文

7　変数soupから「h1」「h2」「h3」タグをすべて探し、変数h_tagに順次入れる間、以下を繰り返せ

8　　変数h_tagを表示しろ

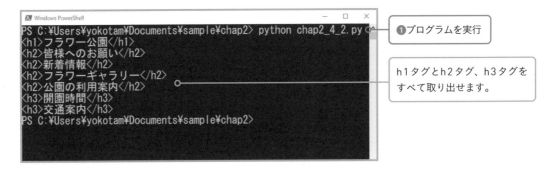

❶プログラムを実行

h1タグとh2タグ、h3タグをすべて取り出せます。

class属性とタグ名を指定して要素をすべて取り出す

　find_allメソッドは条件に一致した要素をすべて取り出すので、取得できる件数が多すぎたり、不要な要素が含まれたりする場合もあります。その場合は、class属性も指定して要素を取り出しましょう。findメソッドと同じように、引数class_を使います。

　次は、class属性が「info-access」のspanタグをすべて取り出すプログラムです。

Webページ下部にあるclass属性が
「info-access」のspanタグ

■chap2_4_3.py

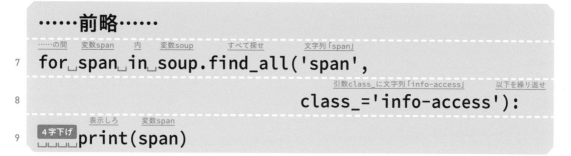

```
……の間   変数span   内   変数soup   すべて探せ   文字列「span」
7  for span in soup.find_all('span',
                              引数class_に文字列「info-access」   以下を繰り返せ
8                          class_='info-access'):
        表示しろ   変数span
9  [4字下げ] print(span)
```

読み下し文

7　引数class_に文字列「info-access」を指定して変数soupから「span」タグをすべて探し、

8　変数spanに順次入れる間、以下を繰り返せ

9　　変数spanを表示しろ

❶プログラムを実行

class属性が「info-access」のspanタグをすべて取り出せます。

取り出す件数に上限を設けるには？

find_allメソッドは見つかった要素をすべて取得します。そのため、print関数で画面に表示すると結果が見づらかったり、検証がしづらかったりする場合があります。その際は、find_allメソッドの引数limitを使用しましょう。引数limitに件数を指定すると、取り出す件数に上限を設けることができます。例えば「limit=2」とした場合、見つかった要素のうち先頭2件のみ取得できます。

```
div = soup.find_all('div', limit=2)    見つかった要素のうち先頭2件だけを取得
```

パターンに一致した要素を取り出す

 h1〜h4タグをまとめて取り出したいときとかは、正規表現を使うと簡単だよ

 正規表現ってちょっと聞いたことあります

 お、さすがだね。正規表現は、Pythonに限らず、テキストエディタとかさまざまな場所でよく使われているんだ。正規表現を使うと、パターンに一致した要素を簡単に取り出せるよ

正規表現を使うとパターンに一致した要素を取り出せる

findメソッドとfind_allメソッドの引数には、正規表現を指定できます。正規表現とは、文字列のパターンを記号の組み合わせで表す記法のことです。スクレイピングで正規表現を使うと、パターンに一致した要素を簡単に取り出せます。

正規表現は、特別な意味を持つ文字（特殊文字）を使って記述します。例えば、h1、h2、h3、h4タグを表す正規表現は以下のようになります。

```
  h    1から4
h[1-4]
   読み下し
```
→ hのあとに1から4のどれか

角カッコは文字の集合を表します。「[1-4]」は「1から4のどれか」という意味になるので、「h[1-4]」は「hのあとに1から4のどれかになる場合」を表します。

 find_allメソッドに指定したいタグが多い場合も、正規表現を使うとシンプルに書けるよ。タグの記述が面倒な場合にも使ってみよう

 確かにタグが多いと、全部書くのは面倒ですよね

正規表現の主な特殊文字は次のとおりです。

正規表現の主な特殊文字

特殊文字	説明
.	任意の1文字にマッチ
^	文字列の先頭にマッチ
$	文字列の末尾にマッチ
*	直前の正規表現の0回以上の繰り返しにマッチ
+	直前の正規表現の1回以上の繰り返しにマッチ
?	直前の正規表現の0回か1回の繰り返しにマッチ
{m}	直前の正規表現のm回の繰り返しにマッチ
{m,n}	直前の正規表現のm回以上n回以下の繰り返しにマッチ
\	特殊文字をエスケープ
[]	文字の集合を表す
		任意の正規表現のいずれかにマッチ
(...)	グループの開始と終了を表す
\d	数字にマッチ
\w	文字、数字、アンダースコアにマッチ

特殊文字ってこんなにあるんですか……！？　わかる気がしないんですけど

全部覚える必要はまったくないよ。必要になったら調べるでOKだから安心して

Pythonで正規表現を扱うにはreモジュールを使います。reモジュールは標準ライブラリなので、追加のインストールは不要です。まずは、プログラム内で正規表現を使えるようにするために、compile関数を使ってreモジュールのPatternオブジェクトを作成します。

入れろ　re　コンパイルしろ

変数 = re.compile(正規表現)

読み下し → 正規表現をコンパイルし、変数に入れろ

このオブジェクトをfindメソッドやfind_allメソッドに指定すると、タグ名がそのパターンにマッチしている要素を取得できます。

Webページ内のh1〜h4タグをすべて取り出す

正規表現を使って、「flowerpark.html」のh1〜h4タグをすべて取り出します。

■chap2_5_1.py

```python
import re
from pathlib import Path
from bs4 import BeautifulSoup

hfile = Path('flowerpark.html')
htext = hfile.read_text(encoding='utf-8')
soup = BeautifulSoup(htext, 'html.parser')
pattern = re.compile('h[1-4]')
for h_tag in soup.find_all(pattern):
    print(h_tag)
```

読み下し文

1	reモジュールを取り込め
2	pathlibモジュールからPathオブジェクトを取り込め
3	bs4モジュールからBeautifulSoupオブジェクトを取り込め
4	
5	文字列「flowerpark.html」を指定してPathオブジェクトを作成し、変数hfileに入れろ
6	引数encodingに文字列「utf-8」を指定し、変数hfileから読み込んだテキストを変数htextに入れろ
7	変数htextと文字列「html.parser」を指定してBeautifulSoupオブジェクトを作成し、変数soupに入れろ
8	文字列「h[1-4]」をコンパイルし、変数patternに入れろ
9	変数soupから変数patternをすべて探し、変数h_tagに順次入れる間、以下を繰り返せ
10	変数h_tagを表示しろ

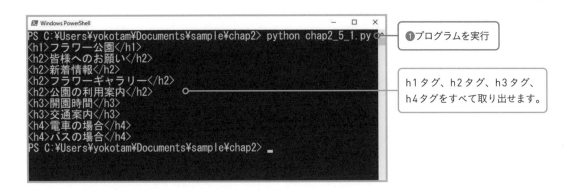

❶プログラムを実行

h1タグ、h2タグ、h3タグ、
h4タグをすべて取り出せます。

キーワードを含むテキストを取り出す

あるキーワードと同じテキストを取り出す際は、find_allメソッドで引数stringを使います。ただし引数stringだけだと、その値とまったく同じ、つまり完全一致のテキストしか取り出せないので、使い勝手がよくありません。そこで正規表現の出番です。この引数stringに正規表現を組み合わせると、そのキーワードを含むテキストを取り出すことができます。

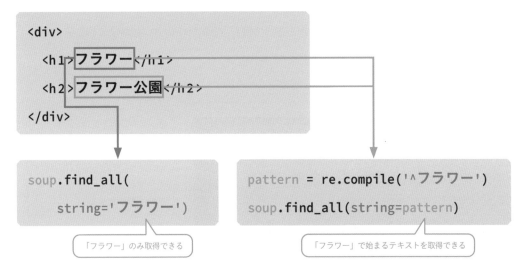

なお、前述の「soup.find_all(コンパイル済みの正規表現)」の場合はタグの名前に対して正規表現が適用されますが、引数stringの場合は要素内のテキストに対して適用されるので、混同しないように注意しましょう。

「フラワー」「Flower」「flower」を含むテキストを取り出す

「フラワー」「Flower」「flower」のいずれかを含むテキストを、正規表現を使って取り出します。chap2_5_1.pyでBeautifulSoupオブジェクトを作成する処理のあとを、以下のようにします。

■ chap2_5_2.py

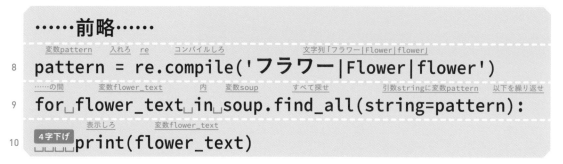

```
……前略……
8   pattern = re.compile('フラワー|Flower|flower')
9   for flower_text in soup.find_all(string=pattern):
10      print(flower_text)
```

読み下し文

8   文字列「フラワー|Flower|flower」をコンパイルし、変数patternに入れろ

9   引数stringに変数patternを指定して変数soupからすべて探し、変数flower_textに順次入れる間、以下を繰り返せ

10   変数flower_textを表示しろ

```
Windows PowerShell                                    □ ×
PS C:¥Users¥yokotam¥Documents¥sample¥chap2> python chap2_5_2.py
フラワー公園
フラワー公園
イベント予告（Flower Festival開催）
お得なチケット（flower parkほか2施設）販売
フラワーギャラリー
PS C:¥Users¥yokotam¥Documents¥sample¥chap2> _
```

❶プログラムを実行

「フラワー」「Flower」「flower」のいずれかを含むテキストをすべて取り出せます。

 正規表現って引数stringにも使えるんですね〜

 ただ、引数stringのみを指定した場合、タグの部分はなく、テキストのみ取得されるからそこは注意してね

「フラワー」「Flower」「flower」を含むh2タグを取り出す

　タグ名の指定と引数stringを、組み合わせて使うこともできます。ここでは、「フラワー」「Flower」「flower」のいずれかをテキストに含むh2タグを取り出してみましょう。

■chap2_5_3.py

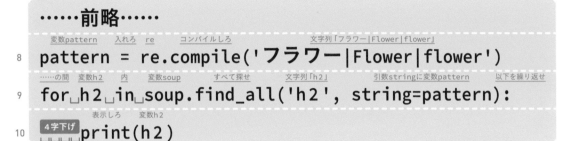

```
……前略……
8  pattern = re.compile('フラワー|Flower|flower')
9  for h2 in soup.find_all('h2', string=pattern):
10     print(h2)
```

読み下し文

8　文字列「フラワー|Flower|flower」をコンパイルし、変数patternに入れろ

9　引数stringに変数patternを指定して変数soupから「h2」タグをすべて探し、変数h2に順次入れる間、以下を繰り返せ

10　　変数h2を表示しろ

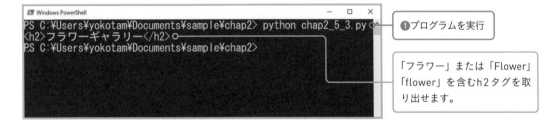

❶プログラムを実行

「フラワー」または「Flower」「flower」を含むh2タグを取り出せます。

テキストに対して検索できるの、なんか便利そうですね

そうだね。ちなみに引数stringに加えてタグ名を指定した場合は、Tagオブジェクトで取得されるよ。だから、そこからテキストのみ取得したい場合は、text属性を使おう

取り出した要素を
さらに絞り込む

目的の要素がうまく取れなくて困ってるんですけど。「この中にあるここ！」みたいな指定はできないんでしょうか？

取り出した要素に対してfindメソッドなどを使えば、さらに絞り込むことができるよ

え、そんなこともできるんですか！

取り出した要素をさらに絞り込むには

findメソッドやfind_allメソッドで取り出したTagオブジェクトに対して、さらにfindメソッドやfind_allメソッドを使うと、要素を絞り込むことができます。ある要素の中の、特定の要素を取り出したい場合に使ってみましょう。また、findメソッドで一度に多くの条件を指定して要素が取れなかった場合、どの条件が悪くて要素が取れないのかを突き止めづらいことがあります。そのため、要素がどこまで取り出せているかを段階的に検証したい場合にも、この手法は有効です。

Webページ

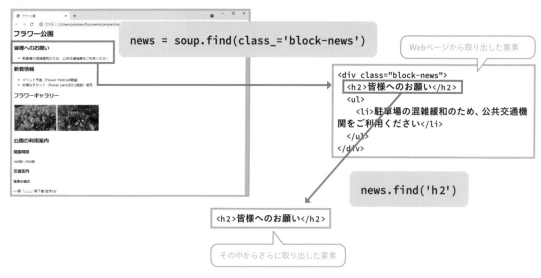

「block-news」クラスの先頭タグの中からh2タグを取り出す

findメソッドを2回使うことで、class属性が「block-news」の先頭タグの中から、h2タグを1つ取り出してみましょう。

■ chap2_6_1.py

```
1   from pathlib import Path

2   from bs4 import BeautifulSoup

3

4   hfile = Path('flowerpark.html')

5   htext = hfile.read_text(encoding='utf-8')

6   soup = BeautifulSoup(htext, 'html.parser')

7   news = soup.find(class_='block-news')

8   h2 = news.find('h2')

9   print(h2)
```

読み下し文

1. pathlibモジュールからPathオブジェクトを取り込め

2. bs4モジュールからBeautifulSoupオブジェクトを取り込め

3.

4. 文字列「flowerpark.html」を指定してPathオブジェクトを作成し、変数hfileに入れろ

5. 引数encodingに文字列「utf-8」を指定し、変数hfileから読み込んだテキストを変数htextに入れろ

6. 変数htextと文字列「html.parser」を指定してBeautifulSoupオブジェクトを作成し、変数soupに入れろ

7. 引数class_に文字列「block-news」を指定して変数soupから探し、変数newsに入れろ

8. 「h2」タグを変数newsから探し、変数h2に入れろ

9. 変数h2を表示しろ

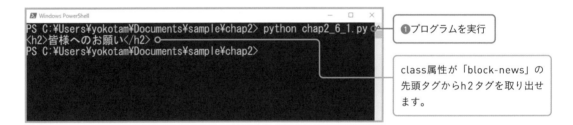

❶プログラムを実行

```
PS C:¥Users¥yokotam¥Documents¥sample¥chap2> python chap2_6_1.py
<h2>皆様へのお願い</h2>
PS C:¥Users¥yokotam¥Documents¥sample¥chap2>
```

class属性が「block-news」の先頭タグからh2タグを取り出せます。

メソッドを続けて呼び出すこともできる

複数のメソッドは、「.」でつなげて記述できます。例えば先ほどのプログラムでの要素取り出しは、以下のように書き換えることもできます。

```
h2 = soup.find(class_='block-news').find('h2')

print(h2)
```

このように、メソッドに対してさらにメソッドを続けて呼び出すことをメソッドチェーンといいます。メソッドチェーンはとても便利ですが、エラーが発生した際、どこまで要素を取り出せていたのかが調べにくいので、最初は避けたほうが無難です。スクレイピングに慣れてきたら使ってみましょう。

「block-news」クラスのタグの中からh2タグを1つずつ取り出す

find_allメソッドで取り出した要素をさらに絞り込む場合は、for文を使う必要があります。find_allメソッドで取り出した要素を画面に表示したときと、同じ要領です。ここではclass属性が「block-news」のタグをすべて取り出し、その中からfindメソッドでh2タグを1つずつ取得します。

そのため、chap2_6_1.pyでBeautifulSoupオブジェクトを作成する処理のあとを、以下のようにします。

■chap2_6_2.py

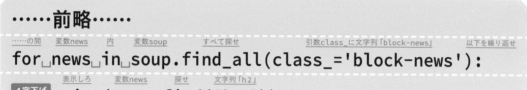

```
……前略……
7 for news in soup.find_all(class_='block-news'):
8     print(news.find('h2'))
```

読み下し文

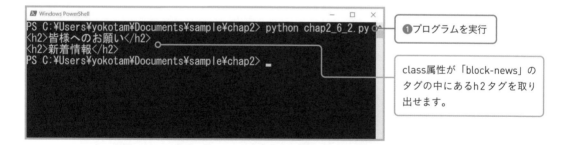

7 引数class_に文字列「block-news」を指定して変数soupからすべて探し、変数newsに順次入れる間、以下を繰り返せ

8 変数newsから「h2」タグを探して表示しろ

```
Windows PowerShell                              −  □  ×
PS C:\Users\yokotam\Documents\sample\chap2> python chap2_6_2.py
<h2>皆様へのお願い</h2>
<h2>新着情報</h2>
PS C:\Users\yokotam\Documents\sample\chap2>
```

❶プログラムを実行

class属性が「block-news」のタグの中にあるh2タグを取り出せます。

ちなみに、for文を使わずに、findメソッドやfind_allメソッドを続けて呼び出すとエラーが発生するからね

find_allメソッドの戻り値はResultSetオブジェクトだからでしたっけ……?

そのとおり！ ついやってしまいがちだから、注意してね

Chap.
2 スクレイピングをやってみよう

実際のWebページで
スクレイピングする

サンプルページでのスクレイピングに飽きてきました。そろそろ実際のWebページでやってみたいですねー

そうだね。じゃあ実際のWebページでやってみよう

Webページを取得するには

　ここまでカレントフォルダに配置したHTMLファイルを使用してきましたが、実際のWebページでスクレイピングする場合は、プログラムでWebページを取得する必要があります。本書では、Requestsライブラリで取得します。

　ブラウザでWebページを表示する場合は、ブラウザが対象のWebサーバーにリクエストを送信し、レスポンスとして受け取ったWebページを画面に描画します。この通信は、HTTPというプロトコル（規約）を使って行われます。Requestsライブラリは、このWebページの送受信をPythonのプログラムで行えるようにするものです。そしてRequestsライブラリでWebページを取得するには、get関数を使います。

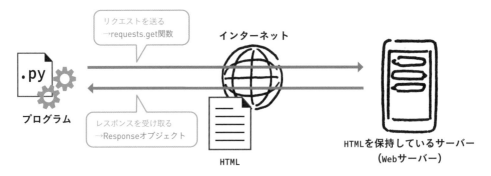

　get関数の引数は、WebページのURLです。戻り値は、取得したWebページを格納したResponse（レスポンス）オブジェクトです。

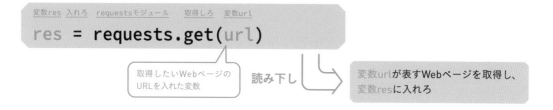

変数res 入れろ　requestsモジュール　取得しろ　変数url

```
res = requests.get(url)
```

取得したいWebページの
URLを入れた変数

読み下し

変数urlが表すWebページを取得し、
変数resに入れろ

Responseオブジェクトから HTML を取り出すには、Responseオブジェクトのtext属性を使います。

変数res　テキスト

```
res.text
```

読み下し

変数resのテキスト

Responseオブジェクトを
入れた変数

インプレスブックスのトップページを取り出す

まずは、インプレスブックスのトップページをRequestsライブラリで取得し
てみよう

- **インプレスブックス**

  https://book.impress.co.jp/

■chap2_7_1.py

```python
import requests

url = 'https://book.impress.co.jp/'
res = requests.get(url)
print(res.text[:1000])
```

1 取り込め　requestsモジュール
2
3 変数url　入れろ　　　　　　　文字列「https://book.impress.co.jp/」
4 変数res　入れろ　requestsモジュール　取得しろ　変数url
5 表示しろ　　変数res　　テキスト　　　数値1000

読み下し文

1 requestsモジュールを取り込め

2

3 文字列「https://book.impress.co.jp/」を変数urlに入れろ

4 変数urlが表すWebページを取得し、変数resに入れろ

5 変数resのテキストの先頭1000文字を表示しろ

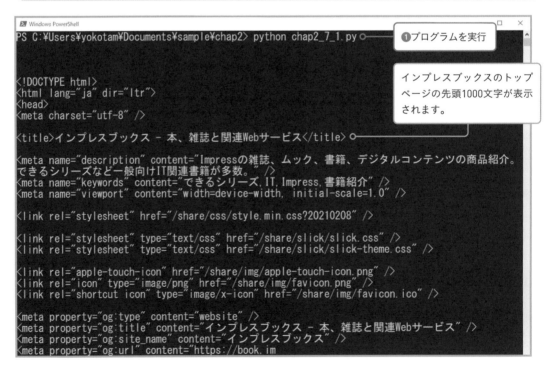

❶プログラムを実行

インプレスブックスのトップページの先頭1000文字が表示されます。

なんかすごく長いテキストが表示されましたー！

取得したWebページを画面にそのまま表示したからね。このままだと見づらいし使いにくいから、BeautifulSoupを使って、必要な要素やテキストだけを取り出していくよ

確かに見づらいし、よくわかりませんね

じゃあまず、トップページにある「お知らせ」を取り出すことを考えてみよう

「お知らせ」

実際のWebページから要素を取り出す際にどのタグを指定すればいいのかって、どうやって調べればいいんですか？

ブラウザのデベロッパーツールを使うのをおすすめするよ

　ブラウザのデベロッパーツールとは、HTMLやWebページの送受信の内容などを確認できる、開発者用ツールです。デベロッパーツールを使うと、Webページの要素がHTMLのどこにあたるのかを調べることができます。本書では、Google Chrome（以降、Chrome）のデベロッパーツールを使います。

Chromeのデベロッパーツールでタグ名を調べる

Chromeのデベロッパーツールで、「お知らせ」がどのタグで作られているのか、調べてみましょう。

もし、デベロッパーツールの初回起動時に［Switch DevTools to Japanese］が表示されない場合は、デベロッパーツールの右上に表示されている歯車アイコンをクリックし、「Language」を「日本語 - Japanese」にしてください。

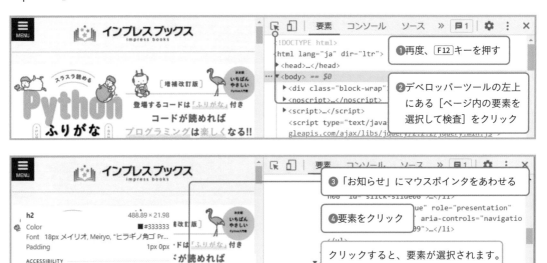

このとき選択された要素は、以下になります。

```
<h2>お知らせ</h2>
```

このことから、「お知らせ」はh2タグで作られていることがわかったね

へぇ〜。意外と簡単にわかるんですね

じゃあ実際にスクレイピングしてみよう。ここでは、find_allメソッドを使ってh2タグを取り出してみるよ

h2タグをすべて取り出す

ここでは、インプレスブックスのトップページからh2タグをすべて取り出します。

■chap2_7_2.py

```
1  import requests

2  from bs4 import BeautifulSoup

3

4  url = 'https://book.impress.co.jp/'
```

取り込め　requestsモジュール

から　bs4モジュール　取り込め　BeautifulSoupオブジェクト

変数url　入れろ　文字列「https://book.impress.co.jp/」

```
    変数res 入れろ  requestsモジュール   取得しろ  変数url
5   res = requests.get(url)

    変数soup 入れろ      BeautifulSoup作成        変数res   テキスト          文字列「html.parser」
6   soup = BeautifulSoup(res.text, 'html.parser')

    ……の間 変数h2   内   変数soup     すべて探せ    文字列「h2」   以下を繰り返せ
7   for␣h2␣in␣soup.find_all('h2'):

    [4字下げ]  表示しろ  変数h2
8   ␣␣␣␣print(h2)
```

読み下し文

1   requestsモジュールを取り込め

2   bs4モジュールからBeautifulSoupオブジェクトを取り込め

3

4   文字列「https://book.impress.co.jp/」を変数urlに入れろ

5   変数urlが表すWebページを取得し、変数resに入れろ

6   変数resのテキストと文字列「html.parser」を指定してBeautifulSoupオブジェクトを作成し、変数soupに入れろ

7   変数soupから「h2」タグをすべて探し、変数h2に順次入れる間、以下を繰り返せ

8   　変数h2を表示しろ

❶プログラムを実行

h2タグをすべて取り出せます。

「お知らせ」タグを含め、h2タグをすべて取り出すことができたね

というかこのWebページ、h2タグが結構含まれていたんですねー

要素を取り出せない場合は①

要素を取り出せない原因を見つけるには

真似してやってみたんですけど、要素が取得できないです……。一体何がいけないんでしょうか？

どれどれ、見せてごらん

要素が取得できないプログラム

```
import requests

from bs4 import BeautifulSoup


url = 'https://book.impress.co.jp/'

res = requests.get(url)

soup = BeautifulSoup(res.text, 'html.parser')

for h2 in soup.find_all('h2 '):

    print(h2)
```

for文で指定している「soup.find_all('h2 ')」の「h2」のあとに不要な半角スペースが入っているよ。だから要素が取得できないんだ

あ、ほんとだ。半角スペースを削除したらできました！

　要素を取得できない場合は、Pythonの対話モードという機能を使うと、どこまでがうまくいっていて、どこから失敗しているのかの切り分けがしやすくなります。そのため、先ほどのプログラムを対話モードで実行してみましょう。対話モードを使うには、PowerShell上で「python」コマンドを実行します。macOSの場合は、ターミナルで「python3」コマンドを入力してください。

❶「python」コマンドを実行

対話モードが起動します。

対話モードを起動すると、PowerShell上で、Pythonのプログラムを入力・実行できます。また表示された「>>>」の記号は、入力待ちの状態を表します。まずは、先ほどのプログラムでrequests.get関数を呼び出すところまでを入力・実行します。

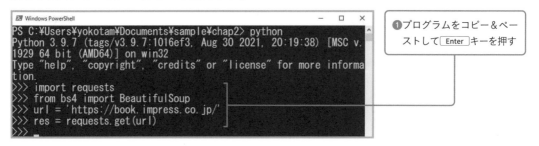

❶プログラムをコピー＆ペーストして Enter キーを押す

変数resの値を確認するために、「res」を入力して実行しましょう。

❶「res」と入力

❷ Enter キーを押す

実行結果が表示されます。

変数resにはResponseオブジェクトが設定されており、かつ、リクエストの処理が成功していることを表す「200」という数値が設定されているので、Webページの取得自体はうまくいっていることがわかります。この「200」という数値はステータスコードと呼びます（P.126参照）。

では、続きのプログラムを入力してみましょう。

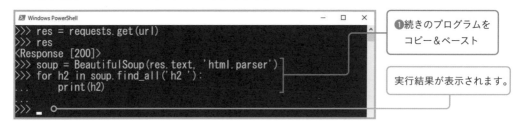

❶続きのプログラムをコピー＆ペースト

実行結果が表示されます。

実行結果に何も表示されていないことから、h2タグの取り出しが失敗していることがわかります。そのため、requests.get関数を呼び出したあとのプログラムに、原因があると推測できます。要素を取り出せない場合は、どこまで要素が取得できているのかを確認するためにも、対話モードで1行ずつ実行してみるといいでしょう。

なお、対話モードを終了する場合は「quit()」と入力してください。

スクレイピングでは、タグ名を間違えたり指定の仕方が悪かったりで、要素が取得できないことはよくあるんだ。その場合、要素が取れないだけでエラーメッセージとかは表示されないことも多いから、ちょっとわかりにくいかもね

確かにエラーメッセージは出ませんでしたね

スクレイピングは、1回でうまくいくと思わないほうがいいよ。トライ＆エラーが重要なんだ。よくあるエラーの対応方法は、あとでまとめて説明するからね

要素が取得できないとつい焦っちゃいますけど、何度も試すしかないんですね。まあ、プログラミングってそういうものですよね

トライ＆エラーする場合のテクニック

　スクレイピングでは、特定の要素を取り出すために何度も検証を行うことがよくあります。その際、プログラムを実行するたびにRequestsライブラリでWebページを取得すると、その分の処理が無駄ですし、リクエストを頻繁に送ることで相手のサイトに迷惑がかかることもあります。そのため検証の際は、**Requestsライブラリで取得したWebページをテキストファイルで保存**し、そのテキストファイルに対して要素の取り出しを行うといいでしょう。こうすると、相手のサイトにかかる負荷を気にすることなく、何度もスクレイピングを実行できます。

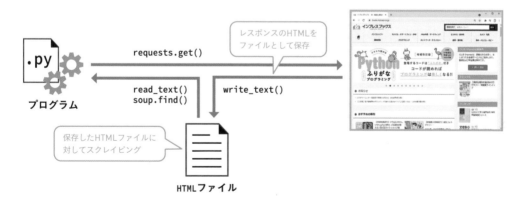

　取得したWebページをテキストファイルに保存するには、Pathオブジェクトのwrite_textメソッドを使います。引数は取得したWebページのテキストです。引数encodingには文字コードを表す文字列を指定します。

```
        変数rfile            書き込め        変数res    テキスト            引数encodingに文字列「utf-8」
rfile.write_text(res.text, encoding='utf-8')
```

Pathオブジェクト を入れた変数	Responseオブジェクト を入れた変数	読み下し	引数encodingに文字列「utf-8」を指定し、 変数resのテキストを変数rfileに書き込め

すでに同じ名前のファイルがある場合、そのまま上書きされるから注意してね

先ほど利用したインプレスブックスのトップページを、テキストファイルで保存してみましょう。

■chap2_8_1.py

```
      から      pathlibモジュール      取り込め    Pathオブジェクト
1  from_pathlib_import_Path
      取り込め      requestsモジュール
2  import_requests

3

      変数url  入れろ              文字列「https://book.impress.co.jp/」
4  url = 'https://book.impress.co.jp/'
      変数res  入れろ  requestsモジュール  取得しろ  変数url
5  res = requests.get(url)
      変数rfile    入れろ  Path作成        文字列「response.txt」
6  rfile = Path('response.txt')
      変数rfile            書き込め        変数res    テキスト            引数encodingに文字列「utf-8」
7  rfile.write_text(res.text, encoding='utf-8')
```

読み下し文

1	pathlibモジュールからPathオブジェクトを取り込め
2	requestsモジュールを取り込め
3	
4	文字列「https://book.impress.co.jp/」を変数urlに入れろ
5	変数urlが表すWebページを取得し、変数resに入れろ
6	文字列「response.txt」を指定してPathオブジェクトを作成し、変数rfileに入れろ
7	引数encodingに文字列「utf-8」を指定し、変数resのテキストを変数rfileに書き込め

❶プログラムを実行

　プログラムを実行したら、カレントフォルダ（プログラムを作成したフォルダ）を開いてください。res.textの内容が、「response.txt」という名前のファイルで作成されているはずです。

インプレスブックスのトップページが保存されています。

このテキストファイルを、Pathオブジェクトのread_textメソッド（P.37参照）を使って読み込めばいいんだ

なるほどー！！　こんな手があるんですね

こうすると、何度も動作検証ができて便利なんだ。これでうまく取り出せたら、実際のWebページに対してやってみよう

気にせず何度も試せるのはいいですね

CSSセレクタって
どんなもの？

ここまでfindメソッドやfind_allメソッドでタグの名前やHTML属性を指定することで要素を取り出してきたけど、CSSセレクタというものを使って要素を取り出すこともできるんだ

CSSなら触ったことありますよ！　実はPythonより得意かもしれないです

お、じゃあこっちのほうが向いているかな？　CSSセレクタを使う方法は、findメソッドなどと同様によく使われるから見ていこう

CSSセレクタとは

　BeautifulSoupで要素を取り出すには、findメソッドやfind_allメソッドではなく、CSSセレクタを使う方法もあります。CSS（Cascading Style Sheets）とは、Webページのデザインを指定するための言語のことであり、CSSセレクタは、CSSを適用する対象のタグを指定するものです。スクレイピングする際、タグの指定にCSSセレクタを使うと、特定の要素を取り出すことが可能です。

　例えば、以下のHTMLを考えてみましょう。

```
<div class="block-news">

 <div class="book_title">

  <h2>Python入門</h2>

 </div>

</div>
```

　この場合、h2タグのCSSセレクタは以下のように表せます。

```
div.block-news > div.book_title > h2
```

CSSセレクタは、対象のタグに辿りつくまでのタグ名を「>」で並べ、タグ名とclass属性の値（クラス名）は「.」でつないで表します。「>」はHTMLの子要素、「.」はクラス名を意味します。

CSSセレクタではタグ名だけ、例えば「h2」と記述することも可能ですが、その場合、そのWebページにあるh2タグがすべて対象になります。しかし「div.block-news > div.book_title > h2」のように指定すると「class属性がblock-newsのdivタグの子要素が、class属性がbook_titleのdivタグであり、その子要素がh2タグ」の構造を持つh2タグのみを取り出せます。このように、パターンに一致した要素を取得することもできます。

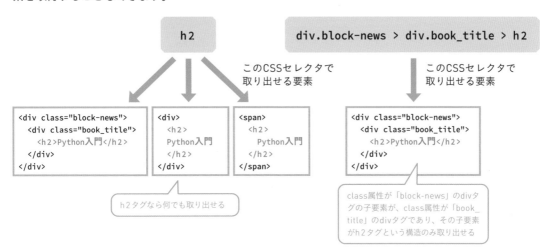

CSSセレクタを使ってスクレイピングするには、BeautifulSoupオブジェクトのselect_oneメソッドやselectメソッドを使います（メソッドの詳細は後述）。なお、findメソッドやfind_allメソッドとは、要素を抽出する際の指定の仕方が異なるだけで、できることは同じです。

できることは同じなんですね

そうだね。パターンに一致した要素を取り出すのも、findメソッドならメソッドチェーンやfor文を使えばできるし

じゃあ、どっちを使えばいいんですか？

慣れや好みで選んで問題ないよ。CSSに慣れている人ならCSSセレクタのほうがやりやすいかな。逆に慣れていない人はfindメソッドを使ったほうがわかりやすいかもしれない

なら自分は、CSSセレクタを使ったほうがいいかもしれませんねー

CSSセレクタを調べるには

　CSSセレクタも、ブラウザのデベロッパーツールで調べることができます。ここではChromeのデベロッパーツールで、インプレスブックスのトップページにあるランキング情報のCSSセレクタを調べてみましょう。

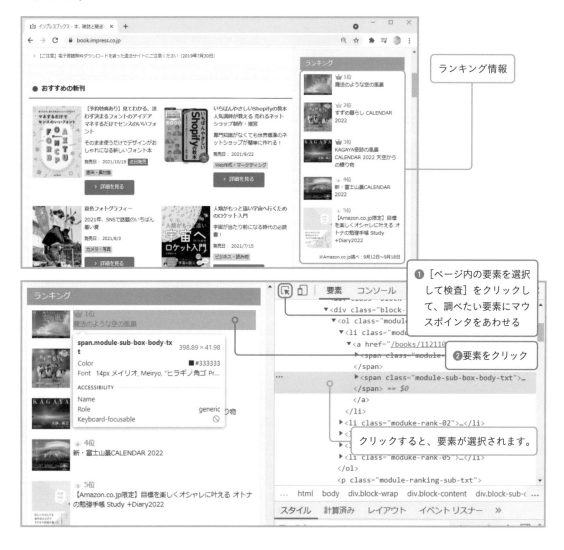

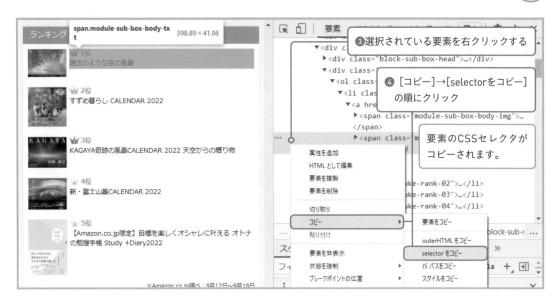

コピーしたCSSセレクタは次のようになっています。

```
body > div.block-wrap > div.block-content > div > div:nth-child(3) > div.
block-sub-box-body > ol > li.moduke-rank-01 > a > span.module-sub-box-body-txt
```

コピーしたCSSセレクタは、このように、長い文字列になることがよくあります。ただし、スクレイピングで使うにはCSSセレクタのパターンが合っていればいいので、すべて使う必要はありません。不要な文字列は削除します。削除しなくてもスクレイピングは可能ですが、CSSセレクタが長いというのはそれだけ条件が多いということなので、どの要素を取り出しているのかがわかりにくかったり、対象のWebページの仕様変更に弱かったりする場合があります。そのため、必要な文字列だけ残しておいたほうが、変更に強いプログラムにできます。

不要なところは削除する必要があるんですね。じゃあ不要なところってどうやったらわかるんですか？

HTMLをよく見るしかないね。試しに、ランキング情報のHTMLを眺めてみよう

次のHTMLは、インプレスブックスのランキング情報のものです。このHTMLを見ると、ランキング1位の情報はclass属性が「moduke-rank-01」のliタグで、その上にolタグとdivタグがあることがわかります。

```
<div class="block-sub-box-body">————————— ランキング情報をまとめる要素

<ol class="module-sub-box-book-list">

<li class="moduke-rank-01">————————— ランキング1位の情報

<a href="/books/1121102009">

<span class="module-sub-box-body-img"><img src="//img.ips.co.jp/
ij/21/1121102009/1121102009-240x.Jpg" width="80" alt="">

<span class="module-sub-box-body-txt"><strong>1位</strong>魔法のような空の風景</span>

</a>

</li>

<li class="moduke-rank-02">————————— ランキング2位の情報

:

</li>

<li class="moduke-rank-03">————————— ランキング3位の情報

:

</li>

:

</ol>

<p class="module-ranking-sub-txt">※Amazon.co.jp調べ：9月12日〜9月18日</p>

</div>
```

　このWebページの場合、「ol」タグの中に「li.moduke-rank-01」がある構造は、このランキング情報にしかありません。そのため、コピーされたCSSセレクタのうち「ol」タグより前の値を、テキストエディタ上で削除します。

```
ol > li.moduke-rank-01 > a > span.module-sub-box-body-txt
```

ん？　この構造がランキング情報にしかないって、どうやってわかるんですか？

HTMLをよく眺めたり、HTML上で対象のクラス名がほかに使われていないかなどを検索したりすればわかるよ。実際は、CSSセレクタを少し削除してはスクレイピング、を繰り返しやってみることも多いけどね

CSSセレクタを使って要素を取り出す

じゃあ、さっきのCSSセレクタを使って要素を取り出そう。まずはselect_oneメソッドを使ってみるよ

findメソッドやfind_allメソッドとは、使い方は結構違うんですか？

あまり変わらないから、心配しないで大丈夫だよ

CSSセレクタを使って要素を1つ取り出す

CSSセレクタを使って要素を1つ取り出すには、BeautifulSoupオブジェクトのselect_one（セレクトワン）メソッドを使います。引数に、CSSセレクタを記述します。戻り値は、CSSセレクタに一致した要素の先頭1件を表すTagオブジェクトです。

入れろ　変数soup　　1つ選び出せ

変数 = soup.select_one(CSSセレクタ)

BeautifulSoupオブジェクトを入れた変数

読み下し　CSSセレクタを指定して変数soupから1つ選び出し、変数に入れろ

CSSセレクタを指定して取得できた要素のうち、タグを取り除いたテキストのみを取得するには、text属性を使用します。

変数book　テキスト

book.text

取り出した要素を入れた変数

読み下し　変数bookのテキスト

戻り値がTagオブジェクトだから、text属性が使えるよ

CSSセレクタを使って、インプレスブックスのトップページにあるランキング情報から、1位の書籍情報を取り出してみましょう。

■chap2_10_1.py

```
1  import requests
2  from bs4 import BeautifulSoup
3
4  url = 'https://book.impress.co.jp/'
5  res = requests.get(url)
6  soup = BeautifulSoup(res.text, 'html.parser')
7  book = soup.select_one(
8      'ol > li.moduke-rank-01 > a > '
9      'span.module-sub-box-body-txt')
10 print(book)
11 print(book.text)
```

読み下し文

1	requestsモジュールを取り込め
2	bs4モジュールからBeautifulSoupオブジェクトを取り込め
3	
4	文字列「https://book.impress.co.jp/」を変数urlに入れろ
5	変数urlが表すWebページを取得し、変数resに入れろ
6	変数resのテキストと文字列「html.parser」を指定してBeautifulSoupオブジェクトを作成し、変数soupに入れろ
7	文字列「ol > li.moduke-rank-01 > a > span.module-sub-box-body-txt」を指定して

8	変数soupから1つ選び出し、
9	変数bookに入れろ
10	変数bookを表示しろ
11	変数bookのテキストを表示しろ

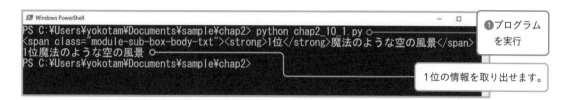

❶プログラムを実行

1位の情報を取り出せます。

　ここで使うCSSセレクタは長いので、select_oneメソッドの引数で「ol > li.moduke-rank-01 > a > 」と「span.module-sub-box-body-txt」という2つの文字列にして記述しています。これは、Pythonでは「カッコ類の中での改行は許されている」ことと、「複数の文字列を続けて記述すると、連結して1つの文字列になる」ことを利用した記述です。

findメソッドやfind_allメソッドとは引数が違いますけど、あとの要領は同じ感じですね

そうだね。今回はランキング1位の情報だけ取得したけど、次は1位～5位の情報を取り出してみよう

CSSセレクタを使って要素を複数取り出す

　CSSセレクタを使って要素を複数取り出すには、BeautifulSoupオブジェクトのselect（セレクト）メソッドを使います。引数に、CSSセレクタを記述します。戻り値は、CSSセレクタに一致したすべての要素を格納したResultSetオブジェクトです。

入れろ　変数soup　　　選び出せ

変数 = soup.select(CSSセレクタ)

BeautifulSoupオブジェクトを入れた変数

読み下し

CSSセレクタを指定して変数soupから選び出し、変数に入れろ

　selectメソッドを使って1位～5位の情報を取り出すには、先ほどのCSSセレクタを変える必要があります。そのためもう一度、ランキング情報のHTMLを眺めてみましょう。

```
<div class="block-sub-box-body">━━━━━━━━━━━ ランキング情報をまとめる要素

<ol class="module-sub-box-book-list">

<li class="moduke-rank-01">━━━━━━━━━━ ランキング1位の情報

<a href="/books/1121102009">

<span class="module-sub-box-body-img"><img src="//img.ips.co.jp/
ij/21/1121102009/1121102009-240x.jpg" width="80" alt="">

<span class="module-sub-box-body-txt"><strong>1位</strong>魔法のような空の風景</span>

</a>

</li>

<li class="moduke-rank-02">━━━━━━━━━━ ランキング2位の情報

:

</li>

<li class="moduke-rank-03">━━━━━━━━━━ ランキング3位の情報

:

</li>

:

</ol>

<p class="module-ranking-sub-txt">※Amazon.co.jp調べ：9月12日〜9月18日</p>

</div>
```

ランキング1位、2位……にあわせてliタグのclass名が変化しているのがわかるかな

あ、本当ですね

さっきのCSSセレクタだと「li.moduke-rank-01」って指定していたからこれ
だと1位の情報しか取り出せないんだ。だから「li.moduke-rank-01」の
「moduke-rank-01」を削除する必要があるよ

CSSセレクタから「li.moduke-rank-01」の「moduke-rank-01」を削除すると、以下の値になります。

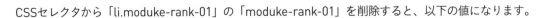

ol > li > a > span.module-sub-box-body-txt

このCSSセレクタとselectメソッドを使って、1位〜5位の情報を取り出してみましょう。

■chap2_10_2.py

```python
import requests
from bs4 import BeautifulSoup


url = 'https://book.impress.co.jp/'
res = requests.get(url)
soup = BeautifulSoup(res.text, 'html.parser')
books = soup.select(
    'ol > li > a > span.module-sub-box-body-txt')
for book in books:
    print(book.text)
```

読み下し文

1	requestsモジュールを取り込め
2	bs4モジュールからBeautifulSoupオブジェクトを取り込め
3	
4	文字列「https://book.impress.co.jp/」を変数urlに入れろ
5	変数urlが表すWebページを取得し、変数resに入れろ
6	変数resのテキストと文字列「html.parser」を指定してBeautifulSoupオブジェクトを作成し、変数soupに入れろ
7	文字列「ol > li > a > span.module-sub-box-body-txt」を指定して変数soupから選び出し、
8	変数booksに入れろ
9	変数books内の値を変数bookに順次入れる間、以下を繰り返せ
10	変数bookのテキストを表示しろ

```
PS C:¥Users¥yokotam¥Documents¥sample¥chap2> python chap2_10_2.py
1位魔法のような空の風景
2位すずめ暮らし CALENDAR 2022
3位KAGAYA奇跡の風景CALENDAR 2022 天空からの贈り物
4位新・富士山景CALENDAR 2022
5位【Amazon.co.jp限定】目標を楽しくオシャレに叶える オトナの勉強手帳 Study +Diary2022
PS C:¥Users¥yokotam¥Documents¥sample¥chap2>
```

 ❶プログラムを実行

1位〜5位の情報が取り出せます。

1位〜5位の情報を取り出せましたね。なんかもう、ここまでだけでもあらゆるメソッドを勉強した気がしますよ

そうだね。要素を取り出す際に使うメソッドをいろいろ紹介してきたから、ここで1回まとめておこうか

要素を取り出す際に使う4つのメソッド

取り出すのに使う条件	要素を1つ取り出す	要素を複数取り出す
タグ名	findメソッド	find_allメソッド
CSSセレクタ	select_oneメソッド	selectメソッド

Webページの構造が変わると要素を取得できないこともある

実際のWebページにスクレイピングしているプログラムは、2021年11月に動作検証したものです。対象のWebページの構造や仕様が変わると、動作しなくなることもあります。うまく動かない場合は、最新のCSSセレクタをコピーし直してプログラムに反映してみましょう。

結果をファイルに保存する

せっかくスクレイピングできたんで結果を保存しておきたいんですけど、どうしたらいいですかねー

ファイルに保存できるよ。HTMLを保存したときと同じ方法を使えばいいんだよ

　ここでは、インプレスブックスのトップページから取り出した書籍情報を、テキストファイルで保存してみましょう。

■chap2_10_3.py

```python
from pathlib import Path
import requests
from bs4 import BeautifulSoup

url = 'https://book.impress.co.jp/'
res = requests.get(url)
soup = BeautifulSoup(res.text, 'html.parser')
books = soup.select(
    'ol > li > a > span.module-sub-box-body-txt')
btext = ''
for book in books:
    btext += book.text
    btext += '\n'
efile = Path('top5books.txt')
efile.write_text(btext, encoding='utf-8')
```

読み下し文

1 pathlibモジュールからPathオブジェクトを取り込め

2 requestsモジュールを取り込め

3 bs4モジュールからBeautifulSoupオブジェクトを取り込め

4

5	文字列「https://book.impress.co.jp/」を変数urlに入れろ
6	変数urlが表すWebページを取得し、変数resに入れろ
7	変数resのテキストと文字列「html.parser」を指定してBeautifulSoupオブジェクトを作成し、変数soupに入れろ
8	文字列「ol > li > a > span.module-sub-box-body-txt」を指定して変数soupから選び出し、
9	変数booksに入れろ
10	空文字列を変数btextに入れろ
11	変数books内の値を変数bookに順次入れる間、以下を繰り返せ
12	変数bookのテキストを変数btextに追加しろ
13	文字列「\n」を変数btextに追加しろ
14	文字列「top 5 books.txt」を指定してPathオブジェクトを作成し、変数efileに入れろ
15	引数encodingに文字列「utf-8」を指定し、変数btextを変数efileに書き込め

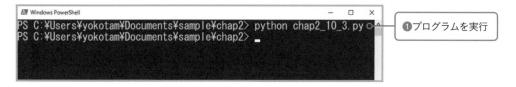

❶プログラムを実行

　プログラムを実行したら、カレントフォルダを開いてください。「top5books.txt」という名前のファイルが作成されているはずです。

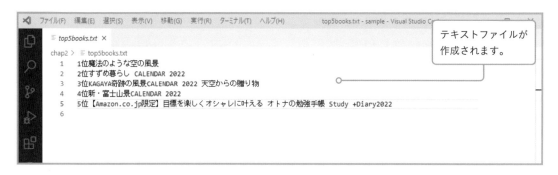

テキストファイルが作成されます。

この方法だと上書きされるから、ファイルに追記したい場合は、read_textメソッドで読み込んだテキストに追記してからwrite_textメソッドで書き込めばいいよ。Python標準のopen関数の追記モードを使うという手もある

Python

FURIGANA PROGRAMMING
SCRAPING NYUMON

Chapter 3

スクレイピングの
応用テクニック

Webページ内の リンクを取り出す

ここからは、さまざまなパターンのスクレイピングをやっていくよ。まずは、Webページ内のリンクを取得する方法を学ぼう

リンク集とかを作るのに使えそうですね

Webページ内のリンクを取得するには

　Webページには、ほかのWebページや画像などへのリンクが多く含まれています。リンクの情報をスクレイピングする場合は、リンクには相対パスと絶対パスという種類があることを押さえておきましょう。相対パスは、現在位置（対象のHTMLファイルの場所）からのパスです。対して絶対パスは、現在位置からのパスではなく、「http」や「https」といったスキームから始まるパスです。相対パスだと記述が短くなる、絶対パスだとリンク切れが起こりにくいなどそれぞれ特徴があるので、状況に応じて使い分けがされています。

相対パスの例

```
fuga/index1.html
```

現在位置からのパス

絶対パスの例

「http」や「https」といったスキームから始まるパス

```
https://example.com/hoge
/fuga/index1.html
```

　なお、絶対パスには、プロトコルを省略した「//」始まりの形式や、ドメイン名を省略した「/」始まりの形式もあります。しかし、Webページ内のリンクをスクレイピングして一覧などにまとめる場合は、「http」や「https」といったスキームから始まる絶対パスにしたほうが便利でしょう。「http」や「https」始まりの絶対パスにするには、urllib.parseモジュールを使います。urllib.parseモジュールは標準ライブラリなので、追加のインストールは不要です。urllib.parseモジュールのurljoin関数で、1つ目の引数には基底のパス、2つ目の引数には変換したいパスを指定します。

入れろ　　URL結合しろ

変数 = urljoin(基底のパス，変換したいパス)

読み下し → 基底のパスと変換したいパスをURL結合し、変数に入れろ

　例えば、urljoin関数の1つ目の引数に「https://book.impress.co.jp/」、2つ目の引数に「/books/1121102009」を指定すると、「https://book.impress.co.jp/books/1121102009」が生成されます。

URL結合しろ　　　　　　　文字列「https://book.impress.co.jp/」

urljoin('https://book.impress.co.jp/',

文字列「/books/1121102009」

'/books/1121102009')

結果

2つのパスを結合することで、「https」始まりの絶対パスが生成される

読み下し → 文字列「https://book.impress.co.jp/」と
文字列「/books/1121102009」をURL結合しろ

https://book.impress.co.jp/books/1121102009

　urllib.parseモジュールにはURLを解析するための機能が多く用意されているので、URLを扱う際は、「+」演算子などを使ってただ文字列結合するのではなく、urllib.parseモジュールを使うことをおすすめします。

ランキングにある書籍へのリンクを取り出す

　では、インプレスブックスのトップページにあるランキング情報から、1位〜5位の各書籍へのリンクを取り出してみましょう。

1位〜5位の各書籍へのリンク

ランキング情報のHTMLは、以下のような構造になっています。

```
<div class="block-sub-box-body">            ランキング情報をまとめる要素

<ol class="module-sub-box-book-list">

<li class="moduke-rank-01">                  ランキング1位の情報

<a href="/books/1121102009">                ランキング1位の書籍へのリンク

:

</a>

</li>

<li class="moduke-rank-02">

<a href="/books/1121102033">                ランキング2位の書籍へのリンク

:

</a>

</li>

<li class="moduke-rank-03">

<a href="/books/1121102003">                ランキング3位の書籍へのリンク

:

</a>

</li>

:

</ol>

<p class="module-ranking-sub-txt">※Amazon.co.jp調べ：9月12日〜9月18日</p>

</div>
```

 順位を表すliタグ内にあるaタグで、各書籍へのリンクが「/」始まりのパスで設定されているね

このaタグのCSSセレクタは、以下の値になります。

```
body > div.block-wrap > div.block-content > div > div:nth-child(3) > div.block-sub-box-body > ol >
li.moduke-rank-01 > a > span.module-sub-box-body-txt
```

CSSセレクタから不要な値を削除すると、次のようになります。今回はaタグを取り出したいので、それ以降の「span.module-sub-box-body-txt」が不要です。

```
div.block-sub-box-body > ol > li > a
```

このCSSセレクタを使って、各書籍へのリンクを取り出しましょう。なお、ここからは基本的にCSSセレクタを使います。findメソッドやfind_allメソッドでも問題はありませんが、少し複雑なスクレイピングの場合は、CSSセレクタのほうがプログラムをすっきり書ける場合があるためです。

■chap3_1_1.py

```python
1  from urllib.parse import urljoin
2  import requests
3  from bs4 import BeautifulSoup
4
5  url = 'https://book.impress.co.jp/'
6  res = requests.get(url)
7  soup = BeautifulSoup(res.text, 'html.parser')
8  books = soup.select(
9      'div.block-sub-box-body > ol > li > a')
10 for book in books:
11     book_name = book.get_text(strip=True)
12     book_url = urljoin(url, book['href'])
13     print(book_name)
14     print(book_url)
```

取り出した各書籍へのリンクは「/books/1121102009」といったパスです。これを「https」から始まる絶対パスにするために、urllib.parseモジュールのurljoin関数で、変数urlと「book['href']」を結合しています。

読み下し文

1	urllib.parseモジュールからurljoin関数を取り込め
2	requestsモジュールを取り込め
3	bs4モジュールからBeautifulSoupオブジェクトを取り込め
4	
5	文字列「https://book.impress.co.jp/」を変数urlに入れろ
6	変数urlが表すWebページを取得し、変数resに入れろ
7	変数resのテキストと文字列「html.parser」を指定してBeautifulSoupオブジェクトを作成し、変数soupに入れろ
8	文字列「div.block-sub-box-body > ol > li > a」を指定して変数soupから選び出し、
9	変数booksに入れろ
10	変数books内の値を変数bookに順次入れる間、以下を繰り返せ
11	引数stripにブール値Trueを指定して変数bookのテキストを取得し、変数book_nameに入れろ
12	変数urlと変数bookの「href」属性をURL結合し、変数book_urlに入れろ
13	変数book_nameを表示しろ
14	変数book_urlを表示しろ

```
Windows PowerShell
PS C:\Users\yokotam\Documents\sample\chap3> python chap3_1_1.py
1位魔法のような空の風景
https://book.impress.co.jp/books/1121102009
2位すずめ暮らし CALENDAR 2022
https://book.impress.co.jp/books/1121102033
3位KAGAYA奇跡の風景CALENDAR 2022 天空からの贈り物
https://book.impress.co.jp/books/1121102003
4位新・富士山景CALENDAR 2022
https://book.impress.co.jp/books/1121102006
5位【Amazon.co.jp限定】目標を楽しくオシャレに叶える オトナの勉強手帳 Study +Diary2022
https://book.impress.co.jp/books/1121101024
PS C:\Users\yokotam\Documents\sample\chap3>
```

❶プログラムを実行

書名とURLが取り出せます。

　なお、変数bookのテキストを取り出すのに、ここではtext属性ではなくget_textメソッドを使用しています。双方とも要素からテキストを取り出すものですが、get_textメソッドでは引数stripが使えます。引数stripをTrueにしておくと、テキストの前後の改行やタブ、空白文字が取り除けます。

入れろ　変数book　　　テキストを取得しろ　　　引数stripにブール値True

変数 = book.get_text(strip=True)

取り出した要素
を入れた変数

読み下し　　　　　　引数stripにブール値Trueを指定して変数bookの
　　　　　　　　　　テキストを取得し、変数に入れろ

　本プログラムで取得したaタグは、以下のように、テキスト（「1位」「魔法のような空の風景」）の前後に改行を含むので、text属性だと、順位や書名の前後に改行が含まれた状態で取得されます。それを避けるために、get_textメソッドを利用しています。

```
<a href="/books/1121102009">

<span class="module-sub-box-body-img"><img src="//img.ips.co.jp/
ij/21/1121102009/1121102009-240x.jpg" width="80" alt=""></span>

<span class="module-sub-box-body-txt"><strong>1位</strong>魔法のような空の風景</span>

</a>
```

　また、get_textメソッドの1つ目の引数に文字列を指定すると、要素間のテキストを結合する際、その文字列が挿入されます。例えば「get_text('-', strip=True)」とし、取り出した要素が「<span class="module-sub-box-body-txt"><strong>1位</strong>魔法のような空の風景</span>」の場合は、「1位-魔法のような空の風景」のように、順位と書名の間に「-」が挿入されます。

　text属性のほうが文字数が少なく、プログラムをすっきりと書けるので、本書では基本的にtext属性を使用しています。しかし、改行などを取り除いたテキストを取得したい場合や、テキストを結合する際の文字列を指定したい場合は、get_textメソッドを使うといいでしょう。

text属性とget_textメソッドを使い分ける必要があるんですね

うん。ただ基本的には、text属性を使えば問題ないよ

画像を取り出す

> ここまでいろいろな要素やテキストを取得してきましたけど、画像って取得できないんですか？

> できるよ。ただちょっと工夫がいるんだ

画像を取得するには

画像を取得するにはまず、Webページへの画像挿入がHTMLでどのように記述されているのかを理解しておきましょう。Webページの画像は、その画像のURLをHTMLの中で指定することで挿入されます。つまり、HTMLファイルと画像ファイルは別ファイルであり、ブラウザはリンク先にある画像ファイルを参照することで画像を表示しています。

Webページ

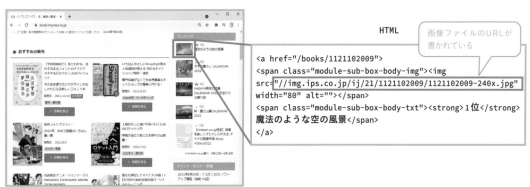

HTML

画像ファイルのURLが書かれている

```
<a href="/books/1121102009">
<span class="module-sub-box-body-img"><img
src="//img.ips.co.jp/ij/21/1121102009/1121102009-240x.jpg"
width="80" alt=""></span>
<span class="module-sub-box-body-txt"><strong>1位</strong>
魔法のような空の風景</span>
</a>
```

そのため、requests.get関数でWebページのHTMLを取得するだけでは、画像のURLは取り出せても、リンク先の画像ファイルを取得できません。画像のURLを調べて、そのURLに対してもrequests.get関数を使用する必要があります。例えば、Webページにある3つの画像を取り出したい場合は、requests.get関数を3回使うことになります。

> 画像はHTMLとは別に取得する必要があるんですね〜。知りませんでした。てっきりすぐ取れるものかと……

HTML上に画像がどのように埋め込まれているのか、具体的に見てみましょう。

1位の書籍画像

以下は、インプレスブックスのトップページにあるランキングで、1位の書籍を表すHTMLです。

```
<a href="/books/1121102009">

  <span class="module-sub-box-body-img">

    <img src="//img.ips.co.jp/ij/21/1121102009/1121102009-240x.jpg" width="80" alt="">

  </span>

  <span class="module-sub-box-body-txt">

    <strong>

      1位

    </strong>

    魔法のような空の風景

  </span>

</a>
```

　画像を挿入する際に使うimgタグに、画像のURL（ここでは、//img.ips.co.jp/で始まる値）が指定されていることがわかります。そのため画像を取得するには、このURLにリクエストを送る必要があります。

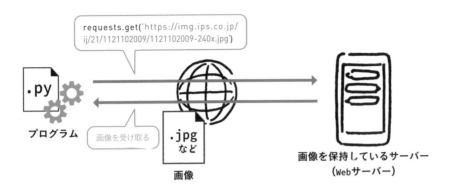

このように取得した画像データを画像ファイルとして保存するには、いくつか手順が必要です。

まず、保存用の画像ファイル名の準備です。今回は、URL内の画像ファイル名（上記の例の場合、1121102009-240x.jpg）をそのまま保存名に使うことにします。Pathオブジェクトのname属性を参照すると、URLからディレクトリ名などが削除された拡張子付きのファイル名を取得できます。

画像のデータ本体は、requests.get関数の戻り値であるResponseオブジェクトのcontent属性で取得できます。これを引数にして、Pathオブジェクトのwrite_bytesメソッドで保存します。

 テキストファイルを作るwrite_textメソッドと、混同しないように注意してね

画像を1つ取得する

　インプレスブックスのランキング情報に表示されている、1位の書籍の画像を取り出してみましょう。デベロッパーツールでCSSセレクタを調べます。

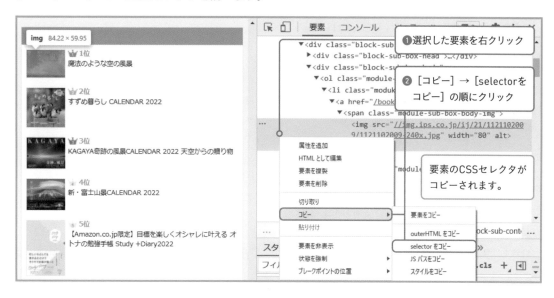

　デベロッパーツールでコピーしたCSSセレクタは以下の値になります。

```
body > div.block-wrap > div.block-content > div > div:nth-child(3) > div.block-sub-box-body > ol >
li.moduke-rank-01 > a > span.module-sub-box-body-img > img
```

　ここから不要な値を削除すると、以下のようになります。

```
ol > li.moduke-rank-01 > a > span.module-sub-box-body-img > img
```

　このCSSセレクタを使ってスクレイピングしましょう。

■chap3_2_1.py

```
1    from pathlib import Path
2    from urllib.parse import urljoin
3    import requests
4    from bs4 import BeautifulSoup
```

```
5
```

変数url 入れろ   文字列「https://book.impress.co.jp/」
```
6    url = 'https://book.impress.co.jp/'
```

変数res 入れろ requestsモジュール   取得しろ 変数url
```
7    res = requests.get(url)
```

変数soup 入れろ   BeautifulSoup作成   変数res   テキスト   文字列「html.parser」
```
8    soup = BeautifulSoup(res.text, 'html.parser')
```

変数book 入れろ 変数soup   1つ選び出せ
```
9    book = soup.select_one(
```

          文字列「ol > li.moduke-rank-01 > a > 」
```
10       'ol > li.moduke-rank-01 > a > '
```

          文字列「span.module-sub-box-body-img > img」
```
11       'span.module-sub-box-body-img > img')
```

変数url_rel   入れろ 変数book   文字列「src」
```
12   url_rel = book['src']
```

変数url_abs   入れろ URL結合しろ   変数url   変数url_rel
```
13   url_abs = urljoin(url, url_rel)
```

変数img_res   入れろ requestsモジュール   取得しろ 変数url_abs
```
14   img_res = requests.get(url_abs)
```

変数img_name   入れろ Path作成   変数url_abs   名前
```
15   img_name = Path(url_abs).name
```

変数img_path   入れろ Path作成   変数img_name
```
16   img_path = Path(img_name)
```

変数img_path   書き込め   変数img_res   コンテンツ
```
17   img_path.write_bytes(img_res.content)
```

読み下し文

1	pathlibモジュールからPathオブジェクトを取り込め
2	urllib.parseモジュールからurljoin関数を取り込め
3	requestsモジュールを取り込め
4	bs4モジュールからBeautifulSoupオブジェクトを取り込め
5	
6	文字列「https://book.impress.co.jp/」を変数urlに入れろ
7	変数urlが表すWebページを取得し、変数resに入れろ

8	変数resのテキストと文字列「html.parser」を指定してBeautifulSoupオブジェクトを作成し、変数soupに入れろ
9	文字列「ol > li.moduke-rank-01 > a > span.module-sub-box-body-img > img」を指定して
10	変数soupから1つ選び出し、
11	変数bookに入れろ
12	変数bookの「src」属性を変数url_relに入れろ
13	変数urlと変数url_relをURL結合し、変数url_absに入れろ
14	変数url_absが表す画像を取得し、変数img_resに入れろ
15	変数url_absを指定してPathオブジェクトを作成し、名前を変数img_nameに入れろ
16	変数img_nameを指定してPathオブジェクトを作成し、変数img_pathに入れろ
17	変数img_resのコンテンツを変数img_pathに書き込め

❶プログラムを実行

Chap.
3
スクレイピングの応用テクニック

　プログラムを実行したら、カレントフォルダを開いてください。元画像と同じファイル名で、画像が取り出せているはずです。

書籍の画像を取り出せます。

 画像が取得できましたよー！　ちょっとカンドーです！！

 うまくいくと嬉しいもんだよね〜。ちなみに、今回は画像のURLが「//img.ips.co.jp/ij/21/〜」という形式だから、「https」から始まる絶対パスにするために、P.90で紹介したurllib.parseモジュールのurljoin関数を使っているよ

 あぁ、さっき教えてもらったやつですね。画像の取得にも活用できるんですね

画像を複数取得するには

次は、画像を複数取得してみよう。for文を使えばいいんだ

for文！　「繰り返し」ってやつですね

　画像を複数取得する場合でも、基本的な要領は変わりません。しかし、for文でrequests.get関数を複数回呼び出すことになるので「プログラムの一時停止処理を追加」することが必要です。

　for文でrequests.get関数を呼び出すということは、リクエストの送信を立て続けに行うということです。Chapter 1で説明したとおり、スクレイピングは1秒間に1アクセス程度にする必要があります。そのため、リクエストの送信をプログラム内で繰り返し行う場合は、リクエストを1回送信したら、プログラムを1秒間ほど一時停止させましょう。

　一定の時間プログラムの実行を止めるには、timeモジュールのsleep関数を使います。timeモジュールはPythonの標準ライブラリなので、追加のインストールは不要です。sleep関数の引数には、停止させたい秒数を指定します。

| time | 停止しろ | 数値1 |

```
time.sleep(1)
```

読み下し　⇒　1秒停止しろ

あくまで、リクエストの送信を複数回行うときに必要なことに注意してね。find_allメソッドなどで取り出した要素にfor文などを使う場合は、別に必要ないよ

なんでfind_allメソッドのときは必要ないんですか？

find_allメソッドは、取得済みのWebページから要素を取り出しているだけで、リクエストを何度も送っているわけじゃないからだよ

1位〜5位の書籍画像を取得する

　インプレスブックスのランキング情報に表示されている、1位〜5位の書籍の画像を取り出してみましょう。

1位～5位の書籍画像

P.99でコピーしたもともとのCSSセレクタは、以下の値でした。

> body > div.block-wrap > div.block-content > div > div:nth-child(3) > div.block-sub-box-body > ol >
> li.moduke-rank-01 > a > span.module-sub-box-body-img > img

ここから1位を表す「moduke-rank-01」などを削除すると、1位～5位の書籍情報を取り出せます。なお、「ol」も削除すると、本Webページの構造上、ほかの画像も取り出せてしまうので、「ol」は残しています。

> ol > li > a > span.module-sub-box-body-img > img

また、画像を複数取得するのでselect_oneメソッドではなく、selectメソッドを使います。そして画像を1つ取得するときと同じ処理を、for文で繰り返します。for文の最後では、sleepメソッドを呼び出します。

> 以下のプログラム。少し複雑に見えるかもしれないけど、CSSセレクタの変更とfor文での繰り返し、sleepメソッドの追加以外は、画像を1つ取得するときと同じ要領だよ

■ chap3_2_2.py

取り込め　timeモジュール

```
1  import time
```

104

```python
2    from pathlib import Path
3    from urllib.parse import urljoin
4    import requests
5    from bs4 import BeautifulSoup
6
7    url = 'https://book.impress.co.jp/'
8    res = requests.get(url)
9    soup = BeautifulSoup(res.text, 'html.parser')
10   books = soup.select(
11       'ol > li > a > '
12       'span.module-sub-box-body-img > img')
13   for book in books:
14       url_rel = book['src']
15       url_abs = urljoin(url, url_rel)
16       img_res = requests.get(url_abs)
17       img_name = Path(url_abs).name
18       img_path = Path(img_name)
19       img_path.write_bytes(img_res.content)
20       time.sleep(1)
```


- 2: から pathlibモジュール 取り込め Pathオブジェクト
- 3: から urllib.parseモジュール 取り込め urljoin関数
- 4: 取り込め requestsモジュール
- 5: から bs4モジュール 取り込め BeautifulSoupオブジェクト
- 7: 変数url 入れろ 文字列「https://book.impress.co.jp/」
- 8: 変数res 入れろ requestsモジュール 取得しろ 変数url
- 9: 変数soup 入れろ BeautifulSoup作成 変数res テキスト 文字列「html.parser」
- 10: 変数books 入れろ 変数soup 選び出せ
- 11: 文字列「ol > li > a >」
- 12: 文字列「span.module-sub-box-body-img > img」
- 13: ……の間 変数book 内 変数books 以下を繰り返せ
- 14: 4字下げ 変数url_rel 入れろ 変数book 文字列「src」
- 15: 4字下げ 変数url_abs 入れろ URL結合しろ 変数url 変数url_rel
- 16: 4字下げ 変数img_res 入れろ requestsモジュール 取得しろ 変数url_abs
- 17: 4字下げ 変数img_name 入れろ Path作成 変数url_abs 名前
- 18: 4字下げ 変数img_path 入れろ Path作成 変数img_name
- 19: 4字下げ 変数img_path 書き込め 変数img_res コンテンツ
- 20: 4字下げ time 停止しろ 数値1

読み下し文

1	timeモジュールを取り込め
2	pathlibモジュールからPathオブジェクトを取り込め
3	urllib.parseモジュールからurljoin関数を取り込め
4	requestsモジュールを取り込め
5	bs4モジュールからBeautifulSoupオブジェクトを取り込め
6	
7	文字列「https://book.impress.co.jp/」を変数urlに入れろ
8	変数urlが表すWebページを取得し、変数resに入れろ
9	変数resのテキストと文字列「html.parser」を指定してBeautifulSoupオブジェクトを作成し、変数soupに入れろ
10	文字列「ol > li > a > span.module-sub-box-body-img > img」を指定して
11	変数soupから選び出し、
12	変数booksに入れろ
13	変数books内の値を変数bookに順次入れる間、以下を繰り返せ
14	変数bookの「src」属性を変数url_relに入れろ
15	変数urlと変数url_relをURL結合し、変数url_absに入れろ
16	変数url_absが表す画像を取得し、変数img_resに入れろ
17	変数url_absを指定してPathオブジェクトを作成し、名前を変数img_nameに入れろ
18	変数img_nameを指定してPathオブジェクトを作成し、変数img_pathに入れろ
19	変数img_resのコンテンツを変数img_pathに書き込め
20	1秒停止しろ

Chap.
3

スクレイピングの
応用テクニック

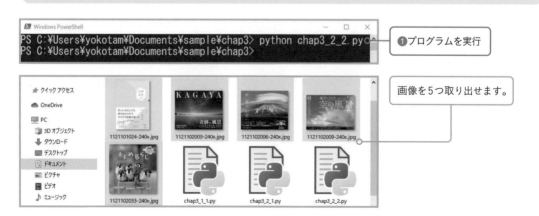

❶プログラムを実行

画像を5つ取り出せます。

画像をフォルダにまとめる

複数の画像を取得できたのはいいんですけど、フォルダに自動でまとめたいですね〜。どうにかなりませんか

それこそまさにPythonの出番だね。Pythonなら、フォルダの自動作成も簡単だよ

　フォルダを作成するにはまず、対象のフォルダを表すPathオブジェクトを作成します。引数にはフォルダ名を指定します。

　このPathオブジェクトでmkdirメソッドを呼び出すと、フォルダが作成されます。ただし、すでに同名のフォルダがある際はエラーが発生します。ここでは、プログラムを複数回実行した場合などを考慮するため、引数exist_okにTrueを指定して、同名のフォルダがあってもエラーを出さずに処理を継続するようにします。

chap3_2_2.pyの13行目以降を次のように変更しよう。フォルダの作成以外は、画像を複数取得するときと同じ要領だよ

■ chap 3 _ 2 _ 3.py

```
……前略……

13   img_dir = Path('./image')

14   img_dir.mkdir(exist_ok=True)

15   for book in books:

16       url_rel = book['src']

17       url_abs = urljoin(url, url_rel)

18       img_res = requests.get(url_abs)

19       img_name = Path(url_abs).name

20       img_file_path = img_dir / img_name

21       img_file_path.write_bytes(img_res.content)

22       time.sleep(1)
```

読み下し文

13	文字列「./image」を指定してPathオブジェクトを作成し、変数img_dirに入れろ
14	引数exist_okにブール値Trueを指定して、変数img_dirフォルダを作成しろ
15	変数books内の値を変数bookに順次入れる間、以下を繰り返せ
16	変数bookの「src」属性を変数url_relに入れろ
17	変数urlと変数url_relをURL結合し、変数url_absに入れろ
18	変数url_absが表す画像を取得し、変数img_resに入れろ
19	変数url_absを指定してPathオブジェクトを作成し、名前を変数img_nameに入れろ
20	変数img_dirに変数img_nameを連結し、変数img_file_pathに入れろ
21	変数img_resのコンテンツを変数img_file_pathに書き込め
22	1秒停止しろ

❶プログラムを実行

「image」フォルダが作成され、その中に画像が5つ保存されます。

作成する「image」フォルダに、imgタグから取り出したファイル名を連結するために、「/」演算子を使用しています。「/」演算子を使うと、既存のPathオブジェクトにパスやファイル名を連結することができます。このしくみを利用して、「image」フォルダに画像ファイル名を結合したPathオブジェクトを作成し、それに対してwrite_bytesメソッドを呼び出しています。

変数img_dir　連結しろ

img_dir / ファイル名

Pathオブジェクトを表す変数

読み下し　　　変数img_dirにファイル名を連結しろ

なんだかちょっと複雑ですね。結局、これはいつ使えってことなんですか？

すでにPathオブジェクトがある状態で、さらにPathオブジェクトを作りたい場合だね。既存のPathオブジェクトがないんだったら、普通に「Path('./image/【画像ファイル名】')」って書けばいいよ

前後の要素を取り出す

> BeautifulSoupでは、ある決まった要素の前後の要素を取得するといったこともできるんだ

> それってどういうときに使うんですか？

> 対象のタグのクラス名がよく変わる場合とかだよ。その場合、CSSセレクタだと要素を取り出せなくなっちゃうからね。取り出したい要素にclass属性などの識別子がない場合も、利用を検討してみるといいよ

前後の要素を取り出すには

　ここまでタグ名やclass属性、CSSセレクタなどを使って要素を取り出してきました。BeautifulSoupでは、ある決まった要素の前後の要素を取得することもできます。前後の要素とは、基準となる要素と同じ階層にある要素を指します。前の要素を取り出すにはprevious_sibling属性、後の要素を取り出すにはnext_sibling属性を参照します。

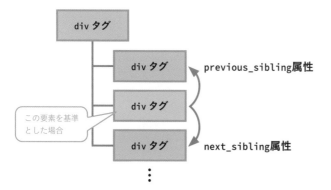

　例えば次に示すHTMLの場合、class属性が「book_title」の要素の前の要素は、「Python入門編」を囲むdivタグです。また、後の要素は「Windows入門編」を囲むdivタグです。

```
<div class="block-news">
    <div>                              ────── 前の要素
        <h3>Python入門編</h3>
    </div>
    <div class="book_title">           ────── この要素を基準にした場合
        <h3>Python応用編</h3>
    </div>
    <div>                              ────── 後の要素
        <h3>Windows入門編</h3>
    </div>
</div>
```

　なお上記の場合、class属性が「book_title」の要素の前後は、厳密には改行です。そのため、previous_sibling属性とnext_sibling属性を1つしか参照しない場合、改行しか取り出せません。その場合は、previous_sibling属性とnext_sibling属性は2つずつ参照することに注意しましょう。

後の要素を取得する

　next_sibling属性を参照して、インプレスブックスのトップページにある「お知らせ」の後の要素を取得してみましょう。後の要素をそのまま表示すると結果が見づらいので、ここではその中からh4タグのみ取り出します。

「お知らせ」

「お知らせ」の後の要素を取得します。

デベロッパーツールで、「お知らせ」のCSSセレクタを取得します。

コピーしたCSSセレクタは以下のとおりです。

body > div.block-wrap > div.block-content > main > div > div.block-news

不要な値を削除すると、以下の値になります。

div.block-news

■chap3_3_1.py

```
1  import requests

2  from bs4 import BeautifulSoup

3

4  url = 'https://book.impress.co.jp/'

5  res = requests.get(url)

6  soup = BeautifulSoup(res.text, 'html.parser')

7  news = soup.select_one('div.block-news')

8  books = news.next_sibling.next_sibling

9  for h4 in books.select('h4'):

10     print(h4.text)
```

111

読み下し文

1	requestsモジュールを取り込め
2	bs4モジュールからBeautifulSoupオブジェクトを取り込め
3	
4	文字列「https://book.impress.co.jp/」を変数urlに入れろ
5	変数urlが表すWebページを取得し、変数resに入れろ
6	変数resのテキストと文字列「html.parser」を指定してBeautifulSoupオブジェクトを作成し、変数soupに入れろ
7	文字列「div.block-news」を指定して変数soupから1つ選び出し、変数newsに入れろ
8	変数newsの2つ後の要素を変数booksに入れろ
9	変数booksから「h4」タグを選び出し、変数h4に順次入れる間、以下を繰り返せ
10	変数h4のテキストを表示しろ

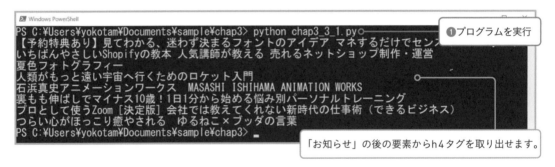

❶プログラムを実行

「お知らせ」の後の要素からh4タグを取り出せます。

親要素や子要素を取り出すには

　BeautifulSoupでは、ある要素の親要素や子要素の取得もできます。親要素は、基準となる要素の上の階層にあるもの、子要素は、基準となる要素の下の階層にあるものを指します。親要素を取り出すにはparent属性、子要素を取り出すにはcontents属性を参照します。

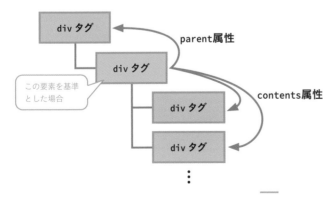

　例えば以下のHTMLの場合、class属性が「book_title」の要素にとって、その上の階層にあるdivタグが親要素です。

```
<div class="block-news"> ──────  親要素

  <div>

    <h3>Python入門編</h3>

  </div>

  <div class="book_title"> ──────  この要素を基準にした場合

    <h3>Python応用編</h3>

  </div>

  <div>

    <h3>Windows入門編</h3>

  </div>

</div>
```

　また、一番外側のdivタグにとっては、その中にある3つのdivタグが、子要素です。

```
<div class="block-news"> ──────  この要素を基準にした場合

  <div> ──────  子要素1

    <h3>Python入門編</h3>

  </div>

  <div class="book_title"> ──────  子要素2

    <h3>Python応用編</h3>

  </div>

  <div> ──────  子要素3

    <h3>Windows入門編</h3>

  </div>

</div>
```

親要素を取得する

今度は、インプレスブックスのトップページにある「お知らせ」の親要素を取得します。ただし、親要素は行数が多くそのまま画面に表示すると見づらいので、ここでは親要素のclass属性のみ表示しています。

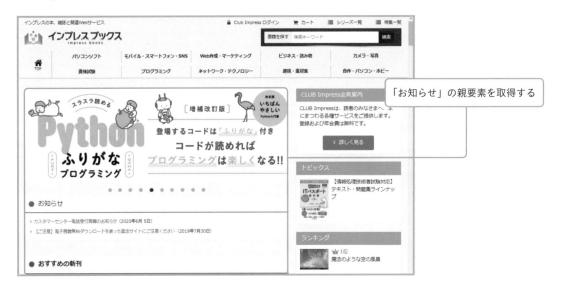

■chap3_3_2.py

```
……前略……
```

変数book 入れろ 変数soup 1つ選び出せ 文字列「div.block-news」 親要素

```
7  book = soup.select_one('div.block-news').parent
```

表示しろ 変数book 文字列「class」

```
8  print(book['class'])
```

読み下し文

7 文字列「div.block-news」を指定して変数soupから1つ選び出し、その親要素を変数bookに入れろ

8 変数bookの「class」属性を表示しろ

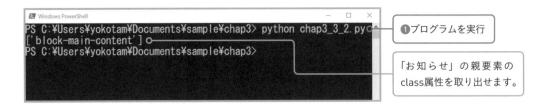

❶プログラムを実行

「お知らせ」の親要素の class属性を取り出せます。

実際にデベロッパーツールを使って確認してみると、「お知らせ」の親要素は「<div class="block-main-content">」であることがわかります。

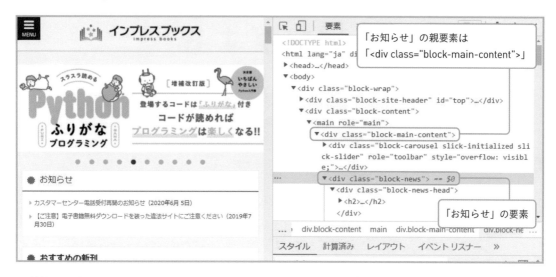

前後の要素や親子の要素を取り出すには、ほかにも類似の機能があるので、以下にまとめます。

前後や親子の要素を取り出す属性

属性	意味
previous_sibling	前の要素を1つ取得
previous_siblings	前の要素をすべて取得
next_sibling	後の要素を1つ取得
next_siblings	後の要素をすべて取得
parent	親要素を1つ取得
parents	親要素のさらに親要素を辿っていくことで、親要素をすべて取得
contents	子要素をすべて取得

特定の要素だけではなくて、その前後の要素や親子の要素も取り出せるんですね〜。要素を取り出す方法って、本当にいろいろありますね

そうだね。だから、ある要素を取り出す答えは1つだけではなく、さまざまな方法が考えられるんだ。トライ&エラーをして、どの方法を選べばいいのかを見つけていくことが大事なんだよ

ページ遷移しながら
スクレイピングする

取得したいWebページが3ページぐらいあるんですけど、ページ遷移しながらスクレイピングってできるんでしょうか？

今回使っているRequestsとBeautifulSoupというライブラリの組み合わせだと、できる場合とできない場合があるんだ

え！　できない場合もあるんですね。それはどうやったらわかるんでしょうか？

ページ遷移しながらスクレイピングするには

　ページ遷移しながらのスクレイピングは、できるWebページとできないWebページがあります。まずは、Webページ上で次ページへ遷移するボタンをクリックし、次のWebページが表示されたときにURLがどうなっているかを確認しましょう。ページごとにURLが割り振られているなら、スクレイピング可能です。

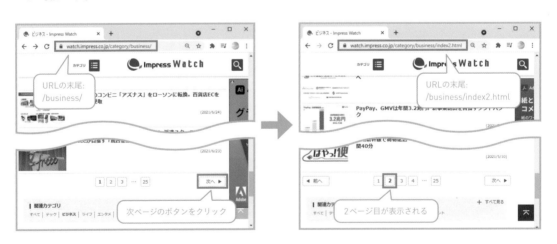

　例えば上記の場合、URLの末尾が1ページ目の場合は「/business/」、2ページ目の場合は「/business/index2.html」です。また3ページ目は「/business/index3.html」、4ページ目は「/business/index4.html」と続いていきます。このようにそのWebページごとに異なるURLが割り当て

られている場合は、プログラム内でそのURLに対して順番にrequests.get関数を呼び出すことで、ページ遷移しながらのスクレイピングが可能です。

　もしページ遷移してもURLに変化がない場合は、ページ遷移に伴う画面の書き換えがJavaScriptで行われている可能性があります。この場合は、RequestsとBeautifulSoupという組み合わせでは対応できません。Chapter 5で紹介しているSeleniumなどが必要です。

Impress Watchでページ遷移を行う

　Impress Watchのサイトで、複数ページを一度にスクレイピングしてみましょう。全ページ取得すると量が多いので、ここでは先頭3ページ分の「記事タイトル」のみを取り出します。

- **Impress Watchの「ビジネス」ページ**

  https://www.watch.impress.co.jp/category/business/

「記事タイトル」のCSSセレクタを調べます。

コピーしたCSSセレクタは以下のとおりです。

```
#main > article > section > div > ul > li.item.news.business.money.index-50 > div > div.text > p.title > a
```

不要な値を削除すると、以下の値になります。

> #main > article > section > div > ul > li > div > div.text > p.title > a

　本Webページの仕様上、選択した「記事タイトル」によっては「#linkid.20210924 > div > div.text > p.title > a」のように、日付を含んだCSSセレクタがコピーされます。日付を含んでいるとその日付の記事しか取り出せないので、その場合は上記のCSSセレクタを手入力してください。

 各WebページのURLに対してrequests.get関数を呼び出すことで、複数のページを取得していくんだ。それ以外は、これまでのプログラムと変わらないよ

■chap3_4_1.py

```
1   import time
2   from urllib.parse import urljoin
3   import requests
4   from bs4 import BeautifulSoup
5
6   url = ('https://www.watch.impress.co.jp/'
7          'category/business/')
8   for i in range(1, 4):
9       if i == 1:
10          page_url = url
11      else:
12          page_url = urljoin(url,
13                             f'index{i}.html')
```

```
14    res = requests.get(page_url)
```
変数res 入れろ　requestsモジュール　　取得しろ　　変数page_url

```
15    soup = BeautifulSoup(res.text, 'html.parser')
```
変数soup 入れろ　BeautifulSoup作成　　変数res　テキスト　　文字列「html.parser」

```
16    articles = soup.select(
```
変数articles　入れろ 変数soup　　選び出せ

```
17        '#main > article > section > div > ul > '
```
文字列「#main > article > section > div > ul >」

```
18        'li > div > div.text > p.title > a')
```
文字列「li > div > div.text > p.title > a」

```
19    for article in articles:
```
……の間　変数article　内　 変数articles　　以下を繰り返せ

```
20        print(f'{i}ページ目', article.text)
```
表示しろ　フォーマット済み文字列「{i}ページ目」　　　変数article　　　テキスト

```
21    time.sleep(1)
```
time　　　停止しろ 数値1

読み下し文

1　timeモジュールを取り込め

2　urllib.parseモジュールからurljoin関数を取り込め

3　requestsモジュールを取り込め

4　bs4モジュールからBeautifulSoupオブジェクトを取り込め

5

6　文字列「https://www.watch.impress.co.jp/category/business/」を

7　変数urlに入れろ

8　数値1〜数値4直前の範囲内の整数を変数iに順次入れる間、以下を繰り返せ

9　　もしも「変数iが数値1と等しい」が真なら以下を実行せよ

10　　　変数urlを変数page_urlに入れろ

11　　そうでなければ以下を実行せよ

12　　　変数urlとフォーマット済み文字列「index{i}.html」をURL結合し、

13　　　変数page_urlに入れろ

14　変数page_urlが表すWebページを取得し、変数resに入れろ

15　変数resのテキストと文字列「html.parser」を指定してBeautifulSoupオブジェクトを作成し、変数soupに入れろ

16	文字列「#main > article > section > div > ul > li > div > div.text > p.title > a」を
17	**指定して変数soupから選び出し、**
18	**変数articlesに入れろ**
19	**変数articles内の値を変数articleに順次入れる間、以下を繰り返せ**
20	**フォーマット済み文字列「{i}ページ目」と変数articleのテキストを表示しろ**
21	**1秒停止しろ**

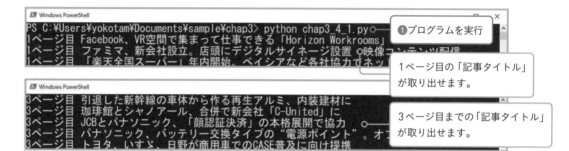

❶プログラムを実行

1ページ目の「記事タイトル」が取り出せます。

3ページ目までの「記事タイトル」が取り出せます。

Impress Watchのサイトだと、1ページ目のURLが「/business/」、2ページ目以降のURLが「/business/index【ページ番号】.html」です。プログラム内でURLを生成するために、P.90で解説したurllib.parseモジュールのurljoin関数を使用しています。

そして、2ページ目以降のURLを生成するには、フォーマット済み文字列（f-string）も使用しています。フォーマット済み文字列は、クォートの前に「f」を付けた文字列内に「{変数名}」と書くと、その部分に変数の値が差し込まれる記法です。ここでは、「f'index{i}.html'」と書くことで、ページ番号を保持する変数iを差し込んでいます。

何ページあるかわからない場合は？

先ほどのプログラムでは、先頭3ページのみ取得しました。全ページを取得したいけど何ページあるかわからないといった場合は、requests.get関数の戻り値であるステータスコードを使って判定しましょう。ステータスコードが404だったら、そのページ番号のURLが存在しない、つまり、最後のページまで取り出し済みと判断できます。ステータスコードは、Responseオブジェクトのstatus_code属性で取得可能です。

```
if res.status_code == 404:        ステータスコードが404か判定

    print('ページがありません')

    break                         ページの取得処理を終了する
```

要素を取り出せない場合は②

自分でスクレイピングしてみると、要素を取り出せないことがたくさんあるんですけど……。原因ってどう調べればいいんですか？

じゃあ、要素が取り出せない場合のよくある原因をまとめて紹介するよ。うまく取り出せない場合は、当てはまる点がないかを見直してみよう

エラー①「接続失敗」と表示される

　サーバーに接続できなかったために、「接続失敗」といったエラーメッセージが表示されることがあります。その場合、サーバー名が誤っているのが原因なので、URLにタイプミスがないかをよく確認しましょう。次の例では、変数urlに入れる文字列の最後が「jp」ではなく「j」となっているため、エラーが発生しています。

エラーが発生しているプログラム

```
import requests
from bs4 import BeautifulSoup


url = 'https://book.impress.co.j'
res = requests.get(url)
soup = BeautifulSoup(res.text, 'html.parser')
print(soup.find('h2').text)
```

エラーメッセージ

失敗した　　　　　構築すること　　　　　1つの新しい　　　　　接続
```
Failed to establish a new connection:
```
エラー番号　　数値11001　　　　getaddrinfo関数　　　　失敗した
```
[Errno 11001] getaddrinfo failed
```

読み下し文

1つの新しい接続を構築することに失敗した:[エラー番号 11001] getaddrinfo関数が失敗した

エラー② 「404 Not Found」と表示される

　対象のWebサーバーに存在しないWebページへアクセスした場合、「404」と書かれたWebページが取得されることがあります。これは、そのWebページが存在しないために、「そのWebページはありませんよ」という文言が表示されたHTMLを、リクエスト先が返すことで発生します。

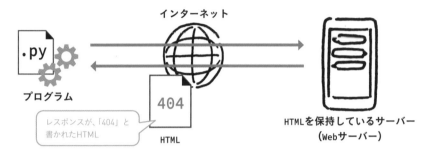

　このケースはエラーメッセージが表示されないので、少々わかりにくいでしょう。その場合も、URLに誤りがないかをよく確認しましょう。また、処理結果を表すステータスコードを確認するようにしましょう。ステータスコードを確認する方法は、P.126で詳しく解説します。

エラーが発生しているプログラム

```python
import requests


url = 'https://book.impress.co.jp/category/program/index_1.php' ── 存在しないWebページ
res = requests.get(url)
print(res.text)
```

実行結果

```html
<!DOCTYPE HTML PUBLIC "-//IETF//DTD HTML 2.0//EN">
<html><head>
<title>404 Not Found</title>
</head><body>
<h1>Not Found</h1>
<p>The requested URL /category/program/index_1.php was not found on this server.</p>
<hr>
<address>Apache Server at book.impress.co.jp Port 443</address>
</body></html>
```

エラー③ 存在しない属性を呼び出している

　スクレイピング初心者が必ずといっていいほど発生させてしまうエラーがあります。それは、「存在しない属性を呼び出してしまう」エラーです。例えば、find_allメソッドやselectメソッドの戻り値に対して、text属性などを直接呼び出そうとした場合に発生します。P.48やP.83で解説したように、find_allメソッドやselectメソッドの戻り値はResultSetオブジェクトです。ResultSetオブジェクトにtext属性は存在しないので、エラーが発生します。このエラーは、ResultSetオブジェクトからfor文で要素を1つずつ取り出さずに、属性などを呼び出していることが原因です。

エラーが発生しているプログラム

```
import requests

from bs4 import BeautifulSoup


url = 'https://book.impress.co.jp/'

res = requests.get(url)

soup = BeautifulSoup(res.text, 'html.parser')

books = soup.select('ol > li > a > span.module-sub-box-body-txt')

print(books.text)
```

エラーメッセージ

```
AttributeError: ResultSet object has no attribute
'text'. You're probably treating a list of
elements like a single element. Did you call
find_all() when you meant to call find()?
```

読み下し文

> 属性エラー:ResultSetオブジェクトは属性「text」を持っていない。
> あなたはおそらくたった1つの要素のように、要素のリストを扱っている。
> あなたはfindメソッドを呼び出すことを意図して、find_allメソッドを呼び出した?

　このエラーが発生したら、要素を取り出すのにfor文を使うようにしたり、selectメソッドをselect_oneメソッドに書き換えたりといった対応が必要です。

プログラミングしていると、find_allメソッドやselectメソッドがResultSetオブジェクトで要素を返すことをつい忘れちゃうんだよね。だから、このエラーは本当によく発生するんだ

findメソッドやselect_oneメソッドっていうよく似たメソッドもありますし、間違えやすそうですもんね

そうだね。エラーメッセージに「object has no attribute〜」と表示されたら、「そのオブジェクトに存在しない機能を呼び出した」ことが原因だということを覚えておこうね

　理解を深めるためにも、type関数を使って確認してみましょう。type関数は、データ型を取得します。変数booksの型をtype関数で表示します。

type関数を使ったプログラム

```
import requests

from bs4 import BeautifulSoup


url = 'https://book.impress.co.jp/'

res = requests.get(url)

soup = BeautifulSoup(res.text, 'html.parser')

books = soup.select('ol > li > a > span.module-sub-box-body-txt')

print(type(books))          type関数

print(books.text)
```

　実行すると、以下の文字列が表示されます。

```
<class 'bs4.element.ResultSet'>
```

　このことから、変数booksは、ResultSetオブジェクトであることがわかります。このように、「object has no attribute〜」というエラーメッセージが表示されたら、type関数を使って型を確認してみましょう。

エラー④ それでも要素を取り出せない場合は

　Webページの取得ができていて、タグ名の指定も正しいはずなのに要素を取り出せない場合は、requests.get関数で取得したテキストを保存したファイル内に、対象の要素が含まれているかを確認しましょう。テキストを保存するには、Pathオブジェクトのwrite_textメソッド（P.73参照）を使います。

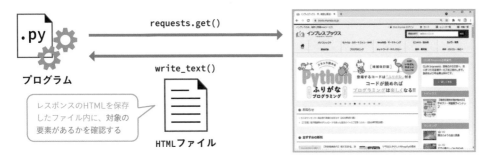

　保存したファイルに対象の要素が含まれている場合は、やはりタグ名の指定に誤りがあるはずなので、再度見直しをしましょう。含まれていない場合は、その要素をBeautifulSoupで取り出すことはできません。ブラウザだと表示されている要素が含まれていない理由は、主に2つ考えられます。

　1つ目は、そのWebページのアクセスにはログイン（認証）が必要な場合です。ログインが必要なWebページは、これまでの方法だけでは、スクレイピングできません。

　2つ目は、そのWebページがJavaScriptを利用して書き換えられた場合です。JavaScriptは、Webページでよく利用されるプログラミング言語です。JavaScriptを使うと、Webページがブラウザに読み込まれたときや、利用者がボタンをクリックしたときなど特定のタイミングで、HTMLを書き換えることができます。この書き換えは、取得したHTMLに対してブラウザが動的に行うものなので、requests.get関数では、書き換え後のHTMLを取得することはできません。

　もし、これらのWebページをスクレイピングしたい場合は、Seleniumなどが有効です。本書はBeautifulSoupに焦点をあてて解説しているので詳細は割愛しますが、SeleniumはChapter 5で概要を紹介しているので参考にしてください。

JavaScriptってページ遷移のときにもちょろっと出てきましたよね

そうだね。これらのWebページのスクレイピングは、requests.get関数＋BeautifulSoupの組み合わせだけでは対応できないことを、きちんと理解しておこうね

Chap.
3
スクレイピングの
応用テクニック

エラーに強いプログラムを作成する

プログラムを実行したら、エラーで止まっちゃいました。無視してエラーが出ないとこだけスクレイピングしてくれないですかねー

エラーを無視することはできるよ。じゃあここでは、エラーに強いプログラムを作る方法を紹介しよう

エラーに強いプログラムを作るには

エラーが発生すると、プログラムの実行は途中で終了してしまいます。複数の要素を取り出すぐらいなら再実行すればいいですが、時間がかかるプログラムの場合は、最初からプログラムを実行し直すのが手間なことがあります。そのため、繰り返し処理を行うものや、複数のWebページをスクレイピングする場合は、エラー発生時の対応を盛り込んだプログラムにするといいでしょう。

ただし、すべてのエラーを考慮するのは難しく、プログラムも複雑になってしまうので、優先度や頻度が高いエラーのみ対応しましょう。ここでは、以下のエラーを考えます。

①Webページを取得できない

URLのタイプミスや相手のサイト内でエラーが発生しているなどが原因で、Webページを取得できないことがあります。Webページが正しく取得できているかを確認するには、requests.get関数で取得したレスポンスのステータスコードを調べます。ステータスコードは処理結果のことで、200番台なら「成功」を表します。

②要素がない

要素がなく、Noneが返ってきている場合にtext属性などを呼び出すとエラーが発生します。そのため、要素が取得できたかを「is None」で判定しながら繰り返し処理を行いましょう。

数回しか使わないプログラムなら別に必要ないけど、定期的に実行するようなプログラムなら、エラー発生を考慮しておくといいよ

常にやる必要はないんですね

①Webページを取得できない場合を考慮する

　1つ目は「Webページを取得できない場合」を考慮する方法です。Responseオブジェクトのstatus_code属性を参照すると、レスポンスのステータスコードを取得できます。この値をif文で判定すると、処理が成功していない場合に、プログラムを終了させることができます。また、プログラムを意図的に終了させるには、sysモジュールのexit関数を使います。引数は、処理結果を表す数値です。エラーの場合は0以外の値を使うのが慣例です。

　ここでは、P.122のプログラムをstatus_code属性を使って書き換えてみましょう。

■chap3_6_1.py

```
1   import sys

2   import requests

3   from bs4 import BeautifulSoup

4

5   url = ('https://book.impress.co.jp/category/'

6           'program/index_1.php')

7   res = requests.get(url)

8   if res.status_code != requests.codes.ok:

9       print('Error! status_code is : ',

10              res.status_code)

11      sys.exit(1)

12  soup = BeautifulSoup(res.text, 'html.parser')

13  print(soup.find('a'))
```

「requests.codes.ok」は処理の成功（200）を表します。

読み下し文

1	sysモジュールを取り込め
2	requestsモジュールを取り込め
3	bs4モジュールからBeautifulSoupオブジェクトを取り込め
4	
5	文字列「https://book.impress.co.jp/category/program/index_1.php」を
6	変数urlに入れろ
7	変数urlが表すWebページを取得し、変数resに入れろ
8	もしも「変数resのステータスコードがrequestsモジュールのコード『OK』と等しくない」が真なら以下を実行せよ
9	文字列「Error! status_code is :」と
10	変数resのステータスコードを表示しろ
11	数値1で終了しろ
12	変数resのテキストと文字列「html.parser」を指定してBeautifulSoupオブジェクトを作成し、変数soupに入れろ
13	変数soupから「a」タグを探し、表示しろ

❶プログラムを実行

メッセージとステータスコードが表示されます。

特定のメッセージを表示させるとわかりやすいですね

そうだね。ちなみにfor文の中でrequests.get関数を使う場合は、exit関数ではなくPythonのcontinue文を使って、次の繰り返しに移るようにするといいよ

②要素がない場合を考慮する

　2つ目は「要素がない場合」を考慮する方法です。ここでは、インプレスブックスの「パソコン入門書の書籍一覧」にある書籍のリンクを、順番にスクレイピングします。そのリンク先の書籍の紹介文を取り出します。紹介文がないWebページもありうるので「リンク先のWebページに対象の要素がない場合は、『要素がありません』という文言を表示して、繰り返し処理をスキップする」という対応を入

れます。なお、対象のWebページの状態によってはすべての要素が存在する場合もあるので、プログラムの実行時に「要素がありません」というメッセージが表示されないこともあります。注意してください。

- **インプレスブックスのパソコン入門書一覧**

  https://book.impress.co.jp/category/soft/pcguide/index.php

上記のWebページで、書籍のリンクのCSSセレクタをコピーします。

コピーしたCSSセレクタは以下のとおりです。

```
body > div.block-wrap > div.block-content > main > div > div.block-book-list.module-img-s > div.
block-book-list-body > div:nth-child(1) > div > div > div:nth-child(3) > div.module-book-list-item-body
> div.module-book-list-item-body-head > h4 > a
```

不要な値を削除すると、以下の値になります。

```
div.module-book-list-item-body-head > h4 > a
```

次はリンク先のWebページにある、書籍紹介文のCSSセレクタをコピーします。

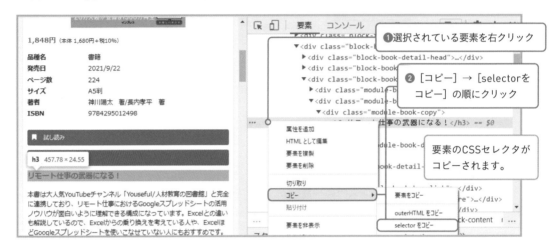

コピーしたCSSセレクタは以下のとおりです。

```
body > div.block-wrap > div.block-content > main > div > div.block-book-detail > div.block-book-detail-body > div.module-book-detail-txt > div.module-book-copy > h3
```

不要な値を削除すると、以下の値になります。

```
div.module-book-copy > h3
```

スクレイピングには、この2つのCSSセレクタを使います。また、書籍のリンクをすべて取り出すと結果が見づらくなるので、ここでは先頭3件のみ取得しています。先頭3件のみ取り出すために、取り出した要素に対してスライスを用います。

■ chap3_6_2.py

```
 5   url = ('https://book.impress.co.jp/category/'

 6          'soft/pcguide/index.php')

 7   res = requests.get(url)

 8   soup = BeautifulSoup(res.text, 'html.parser')

 9   books = soup.select(

10       'div.module-book-list-item-body-head > '

11       'h4 > a')

12   for book in books[:3]:

13       book_url = book['href']

14       book_res = requests.get(book_url)

15       book_soup = BeautifulSoup(book_res.text,

16                                 'html.parser')

17       book_info = book_soup.select_one(

18           'div.module-book-copy > h3')

19       if book_info is None:

20           print(book.text, '：要素がありません')

21       else:

22           print(book.text, '：', book_info.text)

23       time.sleep(1)
```

Chap.
3

スクレイピングの
応用テクニック

131

読み下し文

1	timeモジュールを取り込め
2	requestsモジュールを取り込め
3	bs4モジュールからBeautifulSoupオブジェクトを取り込め
4	
5	文字列「https://book.impress.co.jp/category/soft/pcguide/index.php」を
6	変数urlに入れろ
7	変数urlが表すWebページを取得し、変数resに入れろ
8	変数resのテキストと文字列「html.parser」を指定してBeautifulSoupオブジェクトを作成し、変数soupに入れろ
9	文字列「div.module-book-list-item-body-head > h4 > a」を指定して
10	変数soupから選び出し、
11	変数booksに入れろ
12	変数books内の先頭3要素を変数bookに順次入れる間、以下を繰り返せ
13	変数bookの「href」属性を、変数book_urlに入れろ
14	変数book_urlが表すWebページを取得し、変数book_resに入れろ
15	変数book_resのテキストと文字列「html.parser」を指定して
16	BeautifulSoupオブジェクトを作成し、変数book_soupに入れろ
17	文字列「div.module-book-copy > h3」を指定して
18	変数book_soupから1つ選び出し変数book_infoに入れろ
19	もしも「変数book_infoがNone」が真なら以下を実行せよ
20	変数bookのテキストと文字列「：要素がありません」を表示しろ
21	そうでなければ以下を実行せよ
22	変数bookのテキスト、文字列「：」、変数book_infoのテキストを表示しろ
23	1秒停止しろ

```
Windows PowerShell
PS C:\Users\yokotam\Documents\sample\chap3> python chap3_6_2.py
Photoshop よくばり入門 CC対応（できるよくばり入門） ：要素がありません
パワポdeデザイン PowerPointっぽさを脱却する新しいアイデア ：要素がありません
できるYouTuber式 Googleスプレッドシート 現場の教科書（できるYouTuber式シリーズ） ：リモート仕事の武器になる！
PS C:\Users\yokotam\Documents\sample\chap3>
```

❶プログラムを実行

要素がない場合に「要素がありません」と表示されます。

　なお、selectメソッドを使いたい場合は、戻り値であるResultSetオブジェクトの長さをPythonのlen関数で求めて、その値が0なら「要素がありません」と表示させるといいでしょう。

Chapter

集めたデータを
整理・加工しよう

集めたデータを使うには

> ここまでスクレイピングでいろんなデータを集めてきたね。ただ、集めたデータを使う際、そのままだと使えないことがよくあるんだ

> え！ どういうことですか？ せっかく集めたのに使えないんですか

集めたデータはそのままだと使えない！？

ここからは、スクレイピングで集めたデータを活用するにはどうすればいいのかを学びましょう。というのも、集めたデータはそのままでは使えないことがよくあるためです。例えば、複数のサイトからスクレイピングしたデータは、サイトごとに表記が異なる場合があります。また同じサイトであっても、毎月スクレイピングしたデータを集めた際、月によって項目の過不足があるケースも考えられます。

Aサイトのデータ	Bサイトのデータ	Cサイトのデータ
以下の分類があります。 プログラミング パソコン入門 子供向けプログラミング	プログラミングの本だとPythonが人気です。今月は、パソコン入門関連の書籍も数多く入荷しています。	Ｐｙｔｈｏｎの書籍が数多く入荷しています。子供向けプログラミングの書籍がとても人気です。

全角カナと半角カナが混在している

全角アルファベットと半角アルファベットが混在している

ほかにも、以下のようなケースが考えられます。

- 大文字・小文字の表記ゆれ
- 不要な行や列が多数含まれている
- 値が欠損している

このようなデータを「汚いデータ」と呼ぶこともあります。

1つ具体例を紹介しましょう。以下のサンプルファイルは、あるWebページをスクレイピングすることで集めたデータを、想定したものです。このファイルでは、アルファベットとカナ、数字で、全角と半角が混在しています。また、Windowsも「WINDOWS」と「Windows」という表記が混在しています。このようなデータをそのまま資料に使うと、読みづらくなってしまいます。また集計や分析に使いたい場合、正しい分析結果が得られない場合があります。

book.txt

○○書店

第1位Python(パイソン)入門編 第2版

第2位Python(パイソン)応用編

第3位WINDOWS入門編

●●書店

第1位Ｐｙｔｈｏｎ(ﾊﾟｲｿﾝ)入門編 第 2 版

第2位Windows入門編

第3位Mac入門編

そのままだと使えないことがあるんですね……。ショックですよ、苦労して集めたのに

そのため、スクレイピングしたデータを活用するには、前処理を行います。前処理とは、使いにくいデータを使いやすくするための処理のことです。例えば、表記ゆれをなくしたり、不要なデータを取り除いたりします。ちなみに前処理は、近ごろ話題の「機械学習」でもよく行われます。機械学習に必要なデータを集めた際も、汚いデータが含まれていることがよくあるためです。

確かに、表記ゆれとかがあると同じ意味でも違う言葉としてカウントされることもありますし、使いづらいですよね

そうだね。データが少量なら手で修正したりテキストエディタの置換機能とかを使ったりしてもいいんだけど、作業ミスをする可能性もあるから、プログラムで行うことをおすすめするよ

なるほど。じゃあ、ぜひその前処理とやらを詳しく教えてください！

全角・半角の表記ゆれをなくす

ここからは前処理のさまざまな方法について学んでいくよ。まずは、データの全角・半角の表記ゆれをなくす方法を見ていこう

全角・半角の表記ゆれってありそうですね。自分も資料とか作ってるときによくやっちゃいます

アルファベットと数字を半角、カタカナを全角に統一する

　集めたデータの表記ゆれを取り除く方法を紹介していきましょう。まずは、アルファベットと数字を半角、カタカナを全角に統一する方法です。統一するには、Pythonに標準で用意されているunicodedataモジュールのnormalize（ノーマライズ）関数を使います。normalize関数は、Unicode正規化を行う関数です。Unicode正規化とは、等しい意味を持つ文字の表記を統一することです。例えば、数字の「1」には半角と全角、はたまたローマ数字などがありますが、どれも意味としては数字の「1」を表します。こういった表記は事前に統一しておかないと、想定した検索・分析結果が得られないことがあります。そのために行うのが、Unicode正規化です。

　normalize関数では、以下のような変換が行われます。

- **全角アルファベット→半角アルファベット**
- **全角数字→半角数字**
- **半角カタカナ→全角カタカナ**

　normalize関数の引数には、正規化形式と変換したい文字列を指定します。戻り値は、変換後の文字列です。

入れろ　　unicodedataモジュール　　　正規化しろ

変数 = unicodedata.normalize(正規化形式, テキスト)

読み下し　　　　　　　　　正規化形式を指定して、テキストを正規化し、結果を変数に入れろ

正規化形式とは、Unicode正規化の種類のことです。正規化形式には「NFKC」「NFC」「NFD」「NFKD」という種類がありますが、「NFKC」以外の正規化形式を業務などで使う機会はあまりないでしょう。半角と全角の統一を行いたい場合は、「NFKC」を指定しておけば問題ありません。

> ここからは、前節で紹介したサンプルファイル（book.txt）を使って説明していくよ。「book.txt」はカレントフォルダに配置しておこう

　「book.txt」を読み込んで、「全角アルファベット・数字を半角」に、「半角カタカナを全角カタカナ」に変換するプログラムです。なお「book.txt」の入手方法については、サンプルプログラムのダウンロードページ（P.191）を参照してください。

■chap4_2_1.py

```
1  import unicodedata
2  from pathlib import Path
3
4  bpath = Path('book.txt')
5  btext = bpath.read_text(encoding='utf-8')
6  ntext = unicodedata.normalize('NFKC', btext)
7  print(ntext)
```

読み下し文

1　unicodedataモジュールを取り込め

2　pathlibモジュールからPathオブジェクトを取り込め

3

4　文字列「book.text」を指定してPathオブジェクトを作成し、変数bpathに入れろ

5　引数encodingに文字列「utf-8」を指定し、変数bpathから読み込んだテキストを変数btextに入れろ

6　文字列「NFKC」を指定して、変数btextを正規化し、結果を変数ntextに入れろ

7　変数ntextを表示しろ

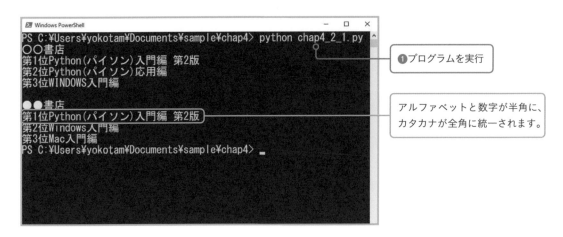

❶プログラムを実行

アルファベットと数字が半角に、カタカナが全角に統一されます。

文字列処理をする際に、1つ理解しておいてほしいことがあるよ

　文字列は変更不可（immutable）なオブジェクトです。そのためnormalize関数は、元の文字列を変えずに、複製した新しい文字列（strオブジェクト）を返します。

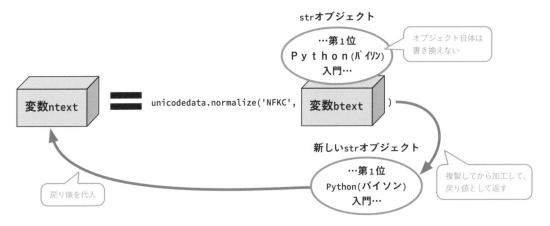

strオブジェクト

…第1位
Ｐｙｔｈｏｎ(ﾊﾟｲｿﾝ)
入門…

オブジェクト自体は書き換えない

変数ntext ＝ unicodedata.normalize('NFKC', 変数btext)

新しいstrオブジェクト

…第1位
Python(パイソン)
入門…

複製してから加工して、戻り値として返す

戻り値を代入

　そのため、「unicodedata.normalize('NFKC', btext)」とだけ記述しても、変換後の文字列は取得できません。「ntext = unicodedata.normalize('NFKC', btext)」のように、戻り値をほかの変数に代入する必要があります。文字列処理を行うほかの関数やメソッドも同様なので、注意してください。

複製した新しい文字列が返るから、それを受け取るためにもnormalize関数の戻り値を、変数に代入する必要があるんですね

アルファベットと数字を全角に統一する

　対して、アルファベットと数字を全角に統一するのはPythonの標準ではできないので、jaconvライブラリを使います。jaconvは日本語に特化した拡張がされているため、ひらがなやカタカナなどの変換に対応しています。

- **jaconv**

　https://pypi.org/project/jaconv/

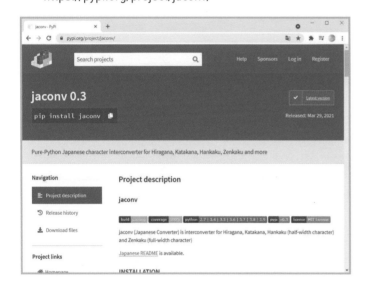

　jaconvはサードパーティ製パッケージなので、追加でインストールする必要があります。PowerShellで次のコマンドを入力し、インストールしましょう。macOSの場合はターミナルを起動して、pipをpip3に変えて実行してください。

```
pip install jaconv
```

❶pipコマンドを入力して[Enter]キーを押す

ダウンロードとインストール
処理が実行されます。

最後に「Successfully」と表示
されたらインストール成功です。

jaconvには、文字列の変換を行う関数が多数用意されています。なお、h2z関数やz2h関数は、どの引数をTrueにするかで変換対象が変わるので、注意しましょう。

jaconvの主な関数

関数	意味
hira2kata(文字列)	ひらがなをカタカナに変換
kata2hira(文字列)	カタカナをひらがなに変換
h2z(文字列, kana=真偽値, digit=真偽値, ascii=真偽値)	引数kanaがTrueの場合は全角カタカナに、引数digitがTrueの場合は全角数字に、引数asciiがTrueの場合は全角アルファベットに変換
z2h(文字列, kana=真偽値, digit=真偽値, ascii=真偽値)	引数kanaがTrueの場合は半角カタカナに、引数digitがTrueの場合は半角数字に、引数asciiがTrueの場合は半角アルファベットに変換

jaconvを使って、「book.txt」のアルファベット、数字、カタカナを全角に変換してみましょう。

■chap4_2_2.py

```
1  import jaconv
2  from pathlib import Path
3
4  bpath = Path('book.txt')
5  btext = bpath.read_text(encoding='utf-8')
6  jtext = jaconv.h2z(btext, kana=True,
7                     digit=True, ascii=True)
8  print(jtext)
```

読み下し文

1	jaconvモジュールを取り込め
2	pathlibモジュールからPathオブジェクトを取り込め
3	
4	文字列「book.text」を指定してPathオブジェクトを作成し、変数bpathに入れろ
5	引数encodingに文字列「utf-8」を指定し、変数bpathから読み込んだテキストを変数btextに入れろ
6	引数kanaにブール値True、引数digitにブール値True、引数asciiにブール値Trueを指定して、
7	変数btextを半角から全角へ変換し、結果を変数jtextに入れろ
8	変数jtextを表示しろ

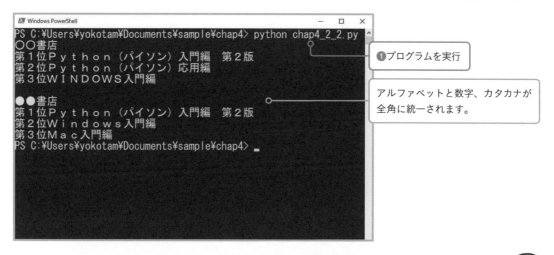

❶プログラムを実行

アルファベットと数字、カタカナが全角に統一されます。

Chap.
4
集めたデータを
整理・加工しよう

簡単に変換できて便利ですね。慣れれば、手でやるよりはるかにラクそうです

関数を組み合わせると変換を一度に行える

unicodedata.normalize関数やjaconvライブラリの関数などをほかのメソッドと組み合わせて、複数の文字列変換を1回で行うことも可能です。たとえば、normalaize関数と後述するtitleメソッドを組み合わせるといったことができます。

```
……前略……

ntext = unicodedata.normalize('NFKC', btext).title()
```

大文字・小文字の表記ゆれをなくす

スクレイピングで取得したデータを見てみたら、「パイソン」の表記がPYTHONやPython、pythonみたいにバラバラなんですけど……。どうにかなりませんか？

Pythonには、データの大文字・小文字の変換を行うメソッドも用意されているんだ。それを使えばOKだよ

大文字・小文字の表記を統一する

Pythonには、大文字・小文字の表記ゆれを統一するメソッドが標準で多数用意されています。str.upper()は文字列（strオブジェクト）のメソッドの1つで、文字列中の小文字を大文字に変換します。全角のアルファベットも変換します。str.title()という、単語の先頭1文字のみ大文字、あとは小文字にするメソッドもあり、使い方はまったく同じです。変換後の文字列を返すので、それを変数に入れて利用します。ほかにもいくつかメソッドがあるので、以下にまとめましょう。

大文字・小文字の変換を行うメソッド

メソッド	意味
str.upper()	大文字に変換する。たとえば「python」の場合、「PYTHON」になる
str.lower()	小文字に変換する。たとえば「PYTHON」の場合、「python」になる
str.capitalize()	先頭1文字を大文字にして、あとは小文字にする。たとえば「python book」の場合、「Python book」になる
str.title()	単語の先頭1文字のみ大文字にして、あとは小文字にする。たとえば「python book」の場合、「Python Book」になる
str.swapcase()	大文字を小文字に、小文字を大文字にする。たとえば「Python」の場合、「pYTHON」になる

単語の先頭を大文字に統一する

ここでは「book.txt」を読み込み、単語の先頭1文字を大文字に、あとは小文字に変換します。

■chap4_3_1.py

```
1  from␣pathlib␣import␣Path
2
3  bpath = Path('book.txt')
4  btext = bpath.read_text(encoding='utf-8')
5  ttext = btext.title()
6  print(ttext)
```

行1 から pathlibモジュール 取り込め Pathオブジェクト
行3 変数bpath 入れろ Path作成 文字列「book.txt」
行4 変数btext 入れろ 変数bpath テキストを読み込め 引数encodingに文字列「utf-8」
行5 変数ttext 入れろ 変数btext 先頭を大文字に
行6 表示しろ 変数ttext

読み下し文

1 pathlibモジュールからPathオブジェクトを取り込め

2

3 文字列「book.text」を指定してPathオブジェクトを作成し、変数bpathに入れろ

4 引数encodingに文字列「utf-8」を指定し、変数bpathから読み込んだテキストを変数btextに入れろ

5 変数btextの先頭を大文字にして、結果を変数ttextに入れろ

6 変数ttextを表示しろ

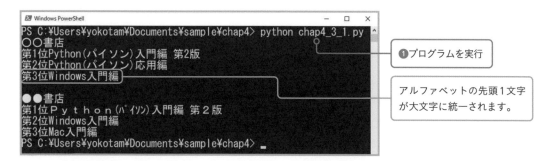

❶プログラムを実行

アルファベットの先頭1文字
が大文字に統一されます。

文字列を置換する

文字列の置換もできるよ。replaceメソッドを使うんだ

置換って、ExcelやWordでもよく行いますよね

特定の文字列を置換する

　次は、文字列の置換を行ってみましょう。文字列オブジェクトのreplaceメソッドを使うと、完全一致した特定の文字列を置換できます。replaceメソッドは、1つ目の引数に置換対象の文字列を、2つ目の引数に置換したい文字列を指定します。戻り値は、置換したあとの文字列です。なお、2つ目の引数に空文字列（''または""）を指定すると、完全一致した文字列を削除できます。

```
変数 = btext.replace(文字列1, 文字列2)
```
入れろ　変数btext　　置換しろ

文字列を入れた変数　　　読み下し　　　変数btextで文字列1を文字列2に置換し、結果を変数に入れろ

　「book.txt」を読み込んで、「第1位」という文字列を「第1位：」に置換するプログラムです。

■ chap4_4_1.py

```python
1  from pathlib import Path
2
3  bpath = Path('book.txt')
4  btext = bpath.read_text(encoding='utf-8')
5  rtext = btext.replace('第1位', '第1位：')
6  print(rtext)
```

読み下し文

1	pathlibモジュールからPathオブジェクトを取り込め
2	
3	文字列「book.text」を指定してPathオブジェクトを作成し、変数bpathに入れろ
4	引数encodingに文字列「utf-8」を指定し、変数bpathから読み込んだテキストを変数btextに入れろ
5	変数btextで文字列「第1位」を文字列「第1位：」に置換し、結果を変数rtextに入れろ
6	変数rtextを表示しろ

```
Windows PowerShell                                    —  □  ×
PS C:\Users\yokotam\Documents\sample\chap4> python chap4_4_1.py
〇〇書店
第1位 :)Python(パイソン)入門編 第2版
第2位Python(パイソン)応用編
第3位WINDOWS入門編

●●書店
第1位 :)Ｐｙｔｈｏｎ（パイソン）入門編 第２版
第2位Windows入門編
第3位Mac入門編
PS C:\Users\yokotam\Documents\sample\chap4>
```

❶プログラムを実行

「第1位」が「第1位：」
に置換されます。

パターンに一致した文字列を置換する

さっきの例だと「第1位」しか置換できていないけど、特定の文字列ではなく、パターンに一致した文字列の置換もできるよ。正規表現を使えばいいんだ

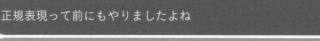

正規表現って前にもやりましたよね

そうだね。前は要素の取り出しに使ったけど、文字列置換にも利用できるんだ

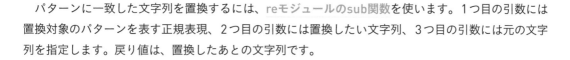

　パターンに一致した文字列を置換するには、reモジュールのsub関数を使います。1つ目の引数には置換対象のパターンを表す正規表現、2つ目の引数には置換したい文字列、3つ目の引数には元の文字列を指定します。戻り値は、置換したあとの文字列です。

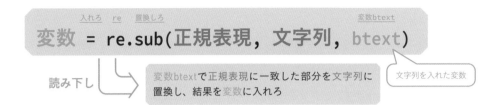

変数 = re.sub(正規表現, 文字列, btext)

読み下し → 変数btextで正規表現に一致した部分を文字列に置換し、結果を変数に入れろ

「book.txt」を読み込んで、「第1位」「第2位」「第3位」という文字列のあとに「：」を追加するプログラムです。正規表現を書くときは「\」をエスケープ文字として見なさないraw文字列（クォートの前にrを付ける）を使用します。

■chap4_4_2.py

```python
1  import re
2  from pathlib import Path
3
4  bpath = Path('book.txt')
5  btext = bpath.read_text(encoding='utf-8')
6  stext = re.sub(r'(第[1-3]位)', r'\1：', btext)
7  print(stext)
```

読み下し文

1	reモジュールを取り込め
2	pathlibモジュールからPathオブジェクトを取り込め
3	
4	文字列「book.text」を指定してPathオブジェクトを作成し、変数bpathに入れろ
5	引数encodingに文字列「utf-8」を指定し、変数bpathから読み込んだテキストを変数btextに入れろ
6	変数btextで「(第[1-3]位)」に一致した部分をraw文字列「\1：」に置換し、結果を変数stextに入れろ
7	変数stextを表示しろ

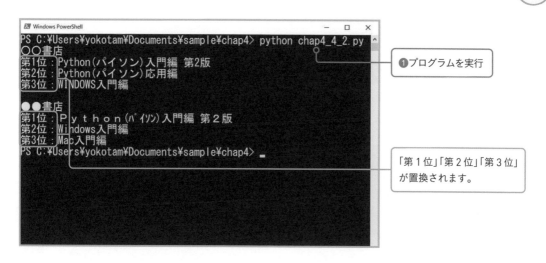

❶プログラムを実行

「第1位」「第2位」「第3位」
が置換されます。

今回は、正規表現「(第[1-3]位)」に一致した文字列のあとに「：」を追加しました。このように、正規表現にマッチした文字列を使って、置換後の文字列を指定したい場合は、sub関数の2つ目の引数に「\1」と書くことで、マッチした文字列を利用できます。このとき利用したい文字列を、1つ目の引数で「()」で囲んでおくことがポイントです。これをグループといいます。

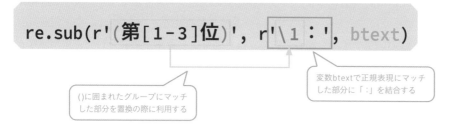

re.sub(r'(第[1-3]位)', r'\1：', btext)

()に囲まれたグループにマッチ
した部分を置換の際に利用する

変数btextで正規表現にマッチ
した部分に「：」を結合する

なお、正規表現ではグループを複数指定できます。その場合、1つ目の「()」内のパターンに一致した文字列を使いたい場合は2つ目の引数で「\1」、2つ目の「()」内のパターンに一致した文字列を使いたい場合は2つ目の引数で「\2」と書きます。

ここでは「第[1-3]位」にマッチした文字列を置換で使いたいから、「第[1-3]位」を1つのグループにしているんだ。グループを覚えておくと、文字列置換できるパターンが広がるよ

表形式のデータを扱う

次は表形式のデータの扱い方について見ていこう。表形式のデータを扱うには pandas（パンダス）というライブラリを使うよ

パンダがどうかしたんですか？

「パンダス」ね

表形式のデータを扱うには

　スクレイピングしたデータには、Excelで扱うような表形式のデータも多くあります。表形式のデータを扱うには、pandasというサードパーティ製パッケージを使うと便利です。pandasは、CSV（Comma Separated Values）形式などのファイルを読み込んで、行／列単位の編集や計算を行い、平均値などの統計量を求めることができます。また、matplotlib（マットプロットリブ）という別パッケージと連携してグラフを作成することも可能です。つまり、pandasでできることは、おおむね表計算ソフトのExcelに近いといえます。

- **pandas**
  https://pandas.pydata.org/

　pandasはサードパーティ製パッケージなので、追加でインストールする必要があります。PowerShellで、次ページに示すコマンドを入力してください。macOSの場合はターミナルを起動して、pipをpip3に変えて実行してください。

　なお、本書ではpandasのread_html関数を使うのとグラフ描画のために、「lxml」「html5lib」「matplotlib」というライブラリもあわせてインストールします。

```
pip install pandas lxml html5lib matplotlib
```

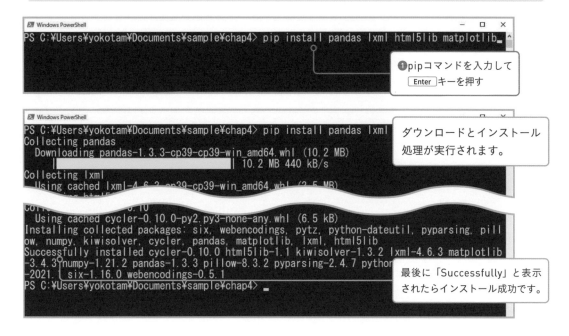

❶pipコマンドを入力して Enter キーを押す

ダウンロードとインストール処理が実行されます。

最後に「Successfully」と表示されたらインストール成功です。

表形式のデータをスクレイピングする

Webページにある表をスクレイピングするには、BeautifulSoupのfindメソッドなどを使ってもいいのですが、pandasのread_html関数を使うと便利です。read_html関数は、引数に指定されたWebページにあるtableタグをすべて取り出し、各表をDataFrame（データフレーム）オブジェクトにします。

DataFrameオブジェクトは、pandasで、1つの表（表計算ソフトのシートに相当）を表すのに用いられるものです。DataFrameオブジェクトにすることで、データの取り出しや整形などがしやすくなります。なお、DataFrameオブジェクトの行番号はインデックス、列見出しはヘッダーと呼びます。

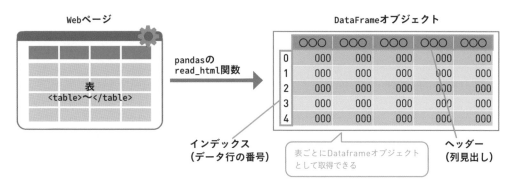

Webページ

pandasの read_html関数

表
<table>〜</table>

DataFrameオブジェクト

インデックス（データ行の番号）

表ごとにDataframeオブジェクトとして取得できる

ヘッダー（列見出し）

read_html関数の1つ目の引数にはURLやHTMLファイル名、引数encodingには文字コードを表す文字列を指定します。戻り値は、DataFrameオブジェクトのリストです。

入れろ 変数pd　　　HTMLを読み込め
変数 = pd.read_html(URLやHTMLファイル名,
引数encodingに文字列「utf-8」
encoding='utf-8')

読み下し → URLやHTMLファイル名と引数encodingに文字列「utf-8」を指定してHTMLを読み込み、変数に入れろ

read_html関数でDataFrameオブジェクトにしておくと、CSVファイルの作成やデータ整形などがラクになるんだ

表は、これまで使ってきたfind_allメソッドやselectメソッドでスクレイピングしちゃダメってことですか？

ダメじゃないよ。ただそれだと、取り出した要素をDataFrameオブジェクトにするのに手間がかかるんだ。だから表は、pandasを使ったほうがいいかな

---

read_html関数ではclass属性などの条件も指定できる

read_html関数は、Webページにあるすべての表（tableタグ）を取り出しますが、条件を指定することもできます。HTML属性を条件にしたい場合は、引数attrsを使います。「{}（波カッコ）」の中にHTML属性と値の組み合わせを「：（コロン）」で区切って書きます。以下は、class属性が「booktable」の表を取り出す例です。

```
dfs = pd.read_html('book.html', attrs={'class': 'booktable'})
```
—— class属性が「booktable」

引数matchを使って、そのキーワードを含む表のみを取り出すこともできます。

```
dfs = pd.read_html('book.html', match='Python')
```
—— 「Python」を含む表

表形式のデータをCSVファイルで保存する

 read_html関数でスクレイピングしたデータは、一度CSVファイルにしておこう

 なんでCSVファイルにするんですか？

 保存しておけば、相手のサイトに迷惑をかけずに済むからだよ。前にもHTMLを保存したでしょ。あれと同じだね

　read_html関数で取得したDataFrameオブジェクトをCSVファイルで保存するには、DataFrameオブジェクトの to_csvメソッド を使います。引数にはファイル名を指定します。引数indexや引数header を何も指定しないと、DataFrameのインデックスやヘッダーも出力されます。CSVファイルでインデックスが必要なケースは少ないので、インデックスを出力しないように、引数indexにFalseを指定します。なお、ヘッダーも出力したくない場合は引数headerにもFalseを指定します。そして文字コードは、デフォルトで「utf-8」になります。

```
df.to_csv(ファイル名, index=False)
```

変数df　CSVに書き出せ　　　　　　　　　　引数indexにブール値False

Dataframeオブジェクトを格納した変数

読み下し

ファイル名と引数indexにブール値Falseを指定し、変数dfをCSVに書き出せ

　ここでは、read_html関数を使って、サンプルとして用意した「book.html」から表を取り出し、CSVファイルで保存します。「book.html」は、カレントフォルダに配置します。なお「book.html」の入手方法については、サンプルプログラムのダウンロードページ（P.191）を参照してください。

Chap.
4
集めたデータを
整理・加工しよう

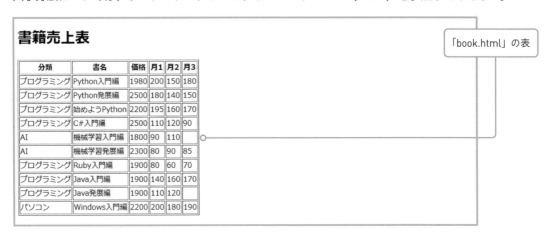

書籍売上表

分類	書名	価格	月1	月2	月3
プログラミング	Python入門編	1980	200	150	180
プログラミング	Python発展編	2500	180	140	150
プログラミング	始めようPython	2200	195	160	170
プログラミング	C#入門編	2500	110	120	90
AI	機械学習入門編	1800	90	110	
AI	機械学習発展編	2300	80	90	85
プログラミング	Ruby入門編	1900	80	60	70
プログラミング	Java入門編	1900	140	160	170
プログラミング	Java発展編	1900	110	120	
パソコン	Windows入門編	2200	200	180	190

「book.html」の表

■chap4_5_1.py

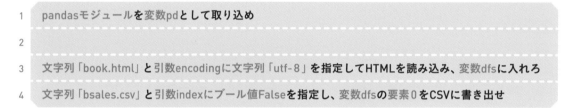

```python
import pandas as pd


dfs = pd.read_html('book.html', encoding='utf-8')
dfs[0].to_csv('bsales.csv', index=False)
```

読み下し文

1 pandasモジュールを変数pdとして取り込め

2

3 文字列「book.html」と引数encodingに文字列「utf-8」を指定してHTMLを読み込み、変数dfsに入れろ

4 文字列「bsales.csv」と引数indexにブール値Falseを指定し、変数dfsの要素0をCSVに書き出せ

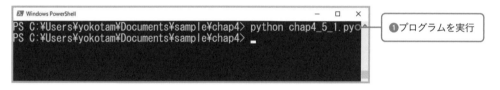

❶プログラムを実行

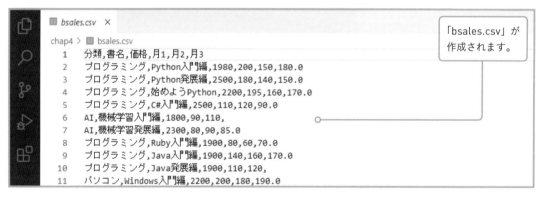

「bsales.csv」が作成されます。

CSVファイルを読み込む

次は、スクレイピングによって得たCSVファイルをpandasで読み込みましょう。pandasでCSVファイルを読み込むには、read_csv関数を使います。1つ目の引数にはファイル名を、文字列やPathオブジェクトで指定します。pathlibのread_textメソッドと同じく、引数encodingには文字コードを指定します。戻り値はDataFrameオブジェクトです。

変数 = pd.read_csv(ファイル名, encoding='utf-8')

入れろ　変数pd　　CSVを読み込め　　　　　　　　　　　引数encodingに文字列「utf-8」

読み下し → ファイル名と引数encodingに文字列「utf-8」を指定し、
読み込んだCSVを変数に入れろ

■ chap4_5_2.py

```
1  import pandas as pd
```
取り込め　pandasモジュール　として　変数pd

```
2
```

```
3  pd.set_option('display.unicode.east_asian_width',
```
変数pd　　オプションを設定しろ　　　　　　　　文字列「display.unicode.east_asian_width」

```
4              True)
```
ブール値True

```
5  df = pd.read_csv('bsales.csv', encoding='utf-8')
```
変数df 入れろ 変数pd　CSVを読み込め　　文字列「bsales.csv」　　　引数encodingに文字列「utf-8」

```
6  print(df)
```
表示しろ　　変数df

読み下し文

1 pandasモジュールを変数pdとして取り込め

2

3 文字列「display.unicode.east_asian_width」とブール値Trueを指定し、

4 オプションを設定しろ

5 文字列「bsales.csv」と引数encodingに文字列「utf-8」を指定し、読み込んだCSVを変数dfに入れろ

6 変数dfを表示しろ

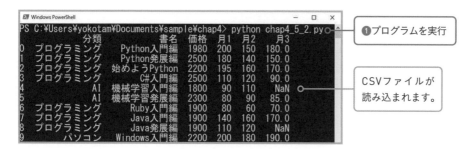

❶プログラムを実行

CSVファイルが
読み込まれます。

　なお本プログラムでは、日本語を含む列名の幅を自動調整するために、pandasのset_option関数を
使用しています。

表形式のデータから 列や行を取り出す

> DataFrameオブジェクトでは、指定した列や行を簡単に取り出すことができるんだ。実際に、DataFrameオブジェクトから列や行を取り出してみよう

> Excelでもよくやるやつですねー。列や行を取り出せるのは便利ですね

列を取り出す

DataFrameオブジェクトで角カッコの中に列名を指定すると、その列が取り出されます。Pythonの辞書で、キーを指定して値を取り出すのと同じ要領です。

入れろ 変数df 文字列「書名」

変数 = df['書名']

 読み下し

変数dfの「書名」列を変数に入れろ

取り出した列は、Series（シリーズ）オブジェクトです。Seriesオブジェクトは、pandasで、表の列や行を表すのに用いられるものです。DataFrameオブジェクトとの関係を図で表すと、以下のようになります。

┌─ DataFrameオブジェクト（表）

	○○○	○○○	○○○	○○○
0	000	000	000	000
1	000	000	000	000
2	000	000	000	000
3	000	000	000	000
4	000	000	000	000

─ Seriesオブジェクト（行）

└─ Seriesオブジェクト（列）

chap4_5_1.pyで作成した「bsales.csv」を読み込んで、「書名」列を取り出すプログラムです。

■ chap4_6_1.py

取り込め pandasモジュール として 変数pd

```
1  import␣pandas␣as␣pd
```

```
2

    変数pd      オプションを設定しろ                          文字列「display.unicode.east_asian_width」
3   pd.set_option('display.unicode.east_asian_width',

                             ブール値True
4                           True)

    変数df 入れろ 変数pd    CSVを読み込め     文字列「bsales.csv」              引数encodingに文字列「utf-8」
5   df = pd.read_csv('bsales.csv', encoding='utf-8')

    変数col_book   入れろ 変数df   文字列「書名」
6   col_book = df['書名']

      表示しろ          変数col_book
7   print(col_book)
```

読み下し文

1   pandasモジュールを変数pdとして取り込め

2

3   文字列「display.unicode.east_asian_width」とブール値Trueを指定し、

4   **オプションを設定しろ**

5   文字列「bsales.csv」と引数encodingに文字列「utf-8」を指定し、読み込んだCSVを変数dfに入れろ

6   変数dfの「書名」列を変数col_bookに入れろ

7   変数col_bookを表示しろ

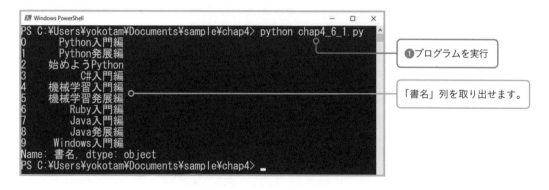

❶プログラムを実行

「書名」列を取り出せます。

行を取り出す

　DataFrameオブジェクトから行を取り出すには、DataFrameオブジェクトの**iloc属性**を参照します。iloc属性に続いて、角カッコの中にインデックスの番号を指定すると、その行が取り出せます。インデックスの番号は、0始まりなのに注意してください。戻り値は、その行を表すSeriesオブジェクトです。

変数 = df.iloc[0]

⟹ 読み下し　　変数dfの「0」行を突き止めて変数に入れろ

　「bsales.csv」を読み込んで、0行を取り出すプログラムです。chap4_6_1.pyでCSVファイルを読み込む処理のあとを、以下のようにします。

■chap4_6_2.py

……前略……

6　row_0 = df.iloc[0]

7　print(row_0)

読み下し文

6　変数dfの「0」行を突き止めて変数row_0に入れろ

7　変数row_0を表示しろ

```
Windows PowerShell                              –  □  ×
PS C:¥Users¥yokotam¥Documents¥sample¥chap4> python chap4_6_2.py
分類      プログラミング
書名      Python入門編
価格           1980
月1            200
月2            150
月3          180.0
Name: 0, dtype: object
PS C:¥Users¥yokotam¥Documents¥sample¥chap4> _
```

❶プログラムを実行

「0」行を取り出せます。

複数列・行を一度に取り出すには

DataFrameオブジェクトで角カッコの中に列名のリストを指定すると、複数列を一度に取り出せます。

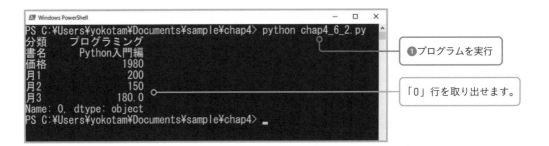

df_1 = df[['書名', '価格']]────「書名」列と「価格」列を取り出す

複数行を一度に取り出すには、iloc属性に続いて、角カッコの中に行番号のスライスを指定します。

row_3 = df.iloc[0:3]────インデックスが0〜2の行（1〜3行目）を取り出す

条件に一致した
データを取り出す

pandasのDataFrameオブジェクトから列や行を取り出す方法を紹介したけど、取り出す際により詳細な条件を付けることもできるよ

条件って例えばどんなものですか？

例えば「価格が1500円以上の行だけ取り出す」とかだよ。Excelでいうところの、フィルター機能をイメージするといいかもしれない

条件に一致した列や行を取り出す

DataFrameオブジェクトから条件に一致したデータを取り出すには、query（クエリ）メソッドを使います。引数には、取り出す条件を文字列として指定します。戻り値は、条件に一致した行を保持するDataFrameオブジェクトです。

<u>入れろ</u> <u>変数df</u> <u>問い合わせろ</u>

変数 = df.query(条件)

読み下し

変数dfで条件を問い合わせした結果を、変数に入れろ

まずは「bsales.csv」から、「月1」列が150以上のデータを取り出してみましょう。

■chap4_7_1.py

```
1   import␣pandas␣as␣pd
2
3   pd.set_option('display.unicode.east_asian_width',
4                 True)
5   df = pd.read_csv('bsales.csv', encoding='utf-8')
```

```
     変数df_m  入れろ 変数df  問い合わせろ              文字列「月1 >= 150」
6    df_m = df.query('月1 >= 150')
     表示しろ      変数df_m
7    print(df_m)
```

読み下し文

1   pandasモジュールを変数pdとして取り込め

2

3   文字列「display.unicode.east_asian_width」とブール値Trueを指定し、

4   **オプションを設定しろ**

5   文字列「bsales.csv」と引数encodingに文字列「utf-8」を指定し、読み込んだCSVを変数dfに入れろ

6   変数dfで「月1 >= 150」を問い合わせした結果を、変数df_mに入れろ

7   変数df_mを表示しろ

❶プログラムを実行

「月1」列が150以上の
データを取り出せます。

文字列の一致を条件に取り出す

ある文字列と一致しているかどうかを条件にしたい場合は、ひと工夫必要だよ

　文字列と一致しているかどうかを条件にする場合は、条件を表す文字列全体のうち、対象の文字列を「""」で囲む必要があります。例えば、「分類」列が「AI」のデータを取り出す場合、「AI」を""で囲む必要があります。

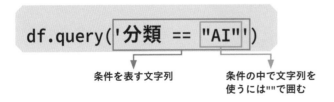

条件を表す文字列　　　　　条件の中で文字列を
　　　　　　　　　　　　　使うには""で囲む

　なお、条件を表す文字列全体を""で囲んでいる場合は、「"分類 == 'AI'"」のように、その中の対象文字列を''で囲みます。

「bsales.csv」から、「分類」列が「AI」のデータを取り出すために、chap4_7_1.pyでCSVファイルを読み込む処理のあとを、次のようにします。

■chap4_7_2.py

```
……前略……
                                                    文字列「分類 == "AI"」
6  df_ai = df.query('分類 == "AI"')
     表示しろ    変数df_ai
7  print(df_ai)
```
変数df_ai：入れろ 変数df：問い合わせろ（上の行に対応）
表示しろ／変数df_ai（上の行に対応）

読み下し文

6 変数dfで「分類 == "AI"」を問い合わせした結果を、変数df_aiに入れろ

7 変数df_aiを表示しろ

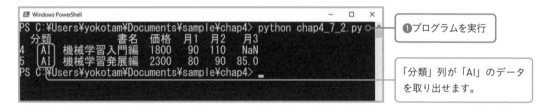

❶プログラムを実行

「分類」列が「AI」のデータを取り出せます。

複数の条件を指定したい場合は

queryメソッドでは、複数の条件を指定することもできます。AND（かつ）条件の場合は「&」、OR（または）条件の場合は「|」と記述します。ここでは「月1」列と「月2」列がともに150以上のデータを取り出してみましょう。AND条件なので、2つの条件を「&」でつないで記述します。

■chap4_7_3.py

```
……前略……
                                      文字列「月1 >= 150 & 月2 >= 150'」
6  df_m = df.query('月1 >= 150 & 月2 >= 150')
     表示しろ    変数df_m
7  print(df_m)
```
変数df_m：入れろ 変数df：問い合わせろ（上の行に対応）

読み下し文

6 変数dfで「月1 >= 150 & 月2 >= 150」を問い合わせした結果を、変数df_mに入れろ

7 変数df_mを表示しろ

Chap.
4
集めたデータを
整理・加工しよう

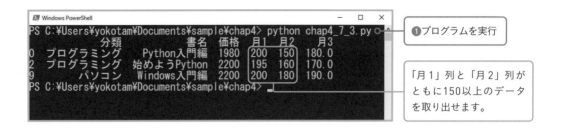

①プログラムを実行

「月1」列と「月2」列が
ともに150以上のデータ
を取り出せます。

　また、複数の文字列のどれかと一致することを条件にしたい場合は、列名のあとに「in」を記述し、文字列を角カッコで囲みます。以下は、「分類」列が「AI」または「パソコン」のデータを取り出すプログラムです。「AI」と「パソコン」は文字列なので、「""」で囲む必要があります。

■chap4_7_4.py

```
……前略……
```

6
```
df_ap = df.query('分類 in ["AI", "パソコン"]')
```
変数df_ap　入れろ　変数df　問い合わせろ　　　　　　　　文字列「分類 in ["AI", "パソコン"]」

7
```
print(df_ap)
```
表示しろ　変数df_ap

読み下し文

6　変数dfで「分類 in ["AI", "パソコン"]」を問い合わせした結果を、変数df_apに入れろ

7　変数df_apを表示しろ

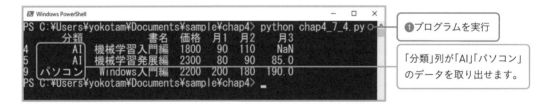

①プログラムを実行

「分類」列が「AI」「パソコン」
のデータを取り出せます。

このように、DataFrameオブジェクトなら、条件に一致したデータの取り出しも容易なんだ。この条件には、if文の条件とだいたい同じものが指定できると考えておくといいかな

欠損値があるデータを加工する

次は欠損値があるデータを加工する方法についてだよ

欠損値って何ですか？

値が設定されていないということだよ。欠損値があると不便なことが多くあるから、扱いについて学んでおこう

欠損値って何？

欠損値（けっそんち）とは、値が設定されていない、または値が欠落しているということです。例えば、Webページに値が一部設定されていない表があったり、スクレイピングする際に対象の要素がWebページ上になかったりした場合、スクレイピングで得たデータは欠損値がある状態になってしまいます。本来あるはずのデータが欠損値になっていると、データの集計や分析などがしづらい場合があります。そのため、欠損値のある列や行を取り除いたり、欠損値を別の値で埋めたりといった対応が必要です。

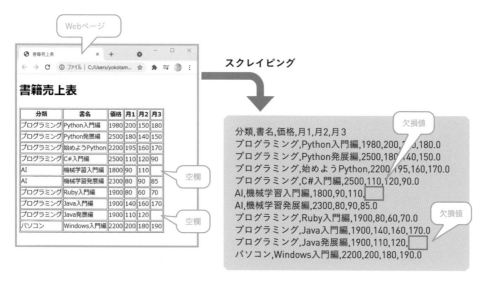

DataFrameオブジェクトでは、欠損値は「NaN（Not a Number）」と見なされます。そのため、欠損値があるCSVファイルをpandasで読み込むと、該当箇所に「NaN」と表示されます。

例えば「bsales.csv」をpandasで読み込んで画面に表示すると、欠損値が「NaN」と表示されていることがわかります。

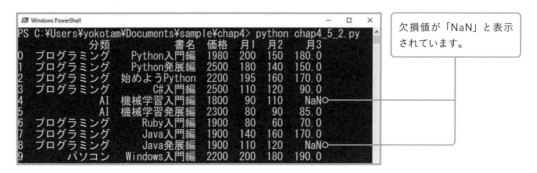

欠損値が「NaN」と表示されています。

欠損値がある列や行を取り除く

欠損値がある列や行を取り除くには、dropnaメソッドを使います。引数axisが0の場合は欠損値がある行、1の場合は欠損値がある列を削除します。何も指定しない場合は0を指定したのと同じです。

また、引数howが「all」の場合は、すべての値が欠損値である列・行、「any」の場合は、1つでも欠損値がある列・行を削除します。何も指定しない場合は「any」を指定したのと同じです。

変数dfの欠損値を落とし、変数に入れろ

引数に何も指定しない場合は
「欠損値が1つでもある行を削除する」、
dropna(axis=0, how='any') と同じ

■chap4_8_1.py

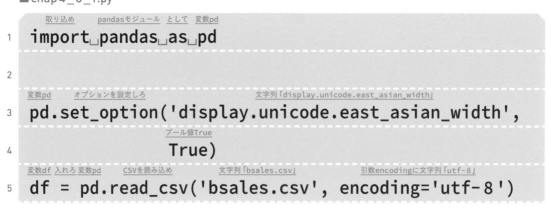

```python
1  import pandas as pd
2
3  pd.set_option('display.unicode.east_asian_width',
4                True)
5  df = pd.read_csv('bsales.csv', encoding='utf-8')
```

6 <u>変数df_dna</u>　<u>入れろ</u> <u>変数df</u>　<u>欠損値を落とせ</u>

```python
df_dna = df.dropna()
```

7 <u>表示しろ</u>　　　<u>変数df_dna</u>

```python
print(df_dna)
```

読み下し文

1 pandasモジュールを変数pdとして取り込め

2

3 文字列「display.unicode.east_asian_width」とブール値Trueを指定し、

4 オプションを設定しろ

5 文字列「bsales.csv」と引数encodingに文字列「utf-8」を指定し、読み込んだCSVを変数dfに入れろ

6 変数dfの欠損値を落とし、変数df_dnaに入れろ

7 変数df_dnaを表示しろ

❶プログラムを実行

欠損値がある行（インデックス番号が4と8）が削除されます。

dropnaメソッドを使用しても、元のDataFrameオブジェクトには変更がないから、戻り値をほかの変数に代入する必要があることに注意してね

欠損値を埋める

欠損値を取り除くことができるのはいいですけど、データが減るのはちょっと寂しいですね

欠損値を、平均値とか、最小値とかで埋めることもできるよ。データが減るのを避けたい場合は使ってみよう

Chap.
4
集めたデータを整理・加工しよう

欠損値をある値で埋めるには、fillnaメソッドを使います。引数に指定した値で、欠損値がすべて置換されます。戻り値は、欠損値を埋めたDataFrameオブジェクトやSeriesオブジェクトです。fillnaメソッドも、元のオブジェクトには変更がないことに注意が必要です。

入れろ 変数df 欠損値を満たせ		変数dfの欠損値を値で満たし、変数に入れろ
変数 = df.fillna(値)	→ 読み下し	

ここでは、欠損値のある「月3」列を、その列の平均値で埋めてみましょう。平均値は、mean（ミーン）メソッドを使って求められます。なお、平均値ではなく、中央値や最小値などで埋めたい場合は、次節で紹介するメソッドを使います。

■chap4_8_2.py

```
……前略……
6   v_mean = df['月3'].mean()
7   df_f = df['月3'].fillna(v_mean)
8   print(df_f)
```

読み下し文

6 変数dfの「月3」列の平均値を求めて変数v_meanに入れろ

7 変数dfで「月3」列の欠損値を変数v_meanで満たし、変数df_fに入れろ

8 変数df_fを表示しろ

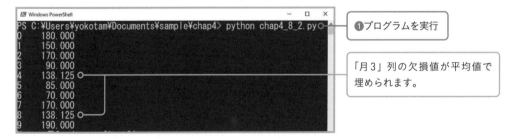

❶プログラムを実行

「月3」列の欠損値が平均値で埋められます。

欠損値を扱う際は、データ量とかデータの性質にあわせて、dropnaメソッドやfillnaメソッドを使い分けていこう

表形式のデータを集計する

ここまでデータの取り出し方や加工について学んだね。pandasなら、データの集計もとても簡単なんだ。最大値や合計値を求めるとかね

Excelでもよくやるやつですね

データを集計するには

pandasには、行や列を簡単に集計できる機能が多数用意されています。例えば、maxメソッドを使うと最大値、sumメソッドを使うと合計値を求めることができます。

ほかにもいくつかメソッドがあるので、以下にまとめます。

pandasの主な集計メソッド

メソッド	意味
count()	データの個数
cumsum()	累積和
max()	最大値
min()	最小値
mean()	平均値
median()	中央値
std()	標準偏差
sum()	合計値

列の合計を求める

ここでは、「bsales.csv」にある「月1」列の合計値を求めてみましょう。「月1」列を「df['月1']」と指定することで取り出し、そのあとにsumメソッドを呼び出します。

Chap.
4
集めたデータを
整理・加工しよう

■chap4_9_1.py

```
1  import pandas as pd
2
3  pd.set_option('display.unicode.east_asian_width',
4                           True)
5  df = pd.read_csv('bsales.csv', encoding='utf-8')
6  month1_sum = df['月1'].sum()
7  print(month1_sum)
```

読み下し文

1 pandasモジュールを変数pdとして取り込め

2

3 文字列「display.unicode.east_asian_width」とブール値Trueを指定し、

4 オプションを設定しろ

5 文字列「bsales.csv」と引数encodingに文字列「utf-8」を指定し、読み込んだCSVを変数dfに入れろ

6 変数dfの「月1」列を合計し変数month1_sumに入れろ

7 変数month1_sumを表示しろ

❶プログラムを実行

「月1」列の合計値が求められます。

各行の合計を求める

さっきは列ごとの合計を求めたけど、各行の合計値を求めることもできるよ

sumメソッドなどは、DataFrameオブジェクトの複数列に対して使うこともできます。これを応用

166

すると、複数の列を行ごとに合計するといったことが可能です。

ここでは、「月1」～「月3」列を行ごとに合計した「合計」列を追加しましょう。行ごとに合計するには、sumメソッドで引数axisに1を設定します。

「bsales.csv」を表すDataFrameオブジェクト

分類	書名	価格	月1	月2	月3
プログラミング	Python入門編	1980	200	150	180
プログラミング	Python発展編	2500	180	140	150
プログラミング	始めようPython	2200	195	160	170
プログラミング	C#入門編	2500	110	120	90
AI	機械学習入門編	1800	90	110	NaN
AI	機械学習発展編	2300	80	90	85
プログラミング	Ruby入門編	1900	80	60	70
プログラミング	Java入門編	1900	140	160	170
プログラミング	Java発展編	1900	110	120	NaN
パソコン	Windows入門編	2200	200	180	190

sum(axis=1)
行ごとの合計値

sum()　**列ごとの合計値**

なお、DataFrameオブジェクトに列を追加するには、角カッコの中に列名を指定します。列を取り出す際の要領と同じです。

■chap4_9_2.py

```
……前略……
```

6　`df['合計'] = df[['月1', '月2', '月3']].sum(axis=1)`

変数df　文字列「合計」　入れろ　変数df　文字列「月1」　文字列「月2」　文字列「月3」　合計しろ　引数axisに数値1

7　`print(df)`

表示しろ　変数df

読み下し文

6　引数axisに1を指定して、変数dfの「月1」「月2」「月3」列を合計し、変数dfの「合計」列に入れろ

7　変数dfを表示しろ

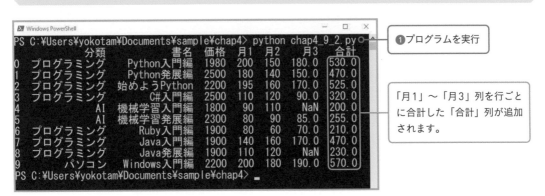

❶プログラムを実行

「月1」～「月3」列を行ごとに合計した「合計」列が追加されます。

Chap
4

集めたデータを整理・加工しよう

条件に一致するデータをカウントする

「bsales.csv」の書籍をPython、Ruby、Javaでそれぞれカウントしたいんですけど、それってできますかねー？

さっき紹介したsumメソッドとかだと厳しいから、queryメソッドを応用して集計してみよう

　条件に一致したデータが何件あるかを集計したい場合は、queryメソッド（P.157参照）でデータを取り出したあと、その件数をlen関数で求めましょう。len関数は、コレクション型の長さを求める関数です。

　ここでは、「書名」列に「Python」「Ruby」「Java」の文字列を含むデータをqueryメソッドでそれぞれ取り出しますが、ある文字列を「含む」かどうかは、str.containsメソッドを使うと判定できます。

「bsales.csv」を表すDataFrameオブジェクト

分類	書名	価格	月1	...
プログラミング	Python入門編	1980	200	
プログラミング	Python発展編	2500	180	
プログラミング	始めようPython	2200	195	
プログラミング	C#入門編	2500	110	
AI	機械学習入門編	1800	90	
AI	機械学習発展編	2300	80	
プログラミング	Ruby入門編	1900	80	
プログラミング	Java入門編	1900	140	
プログラミング	Java発展編	1900	110	
パソコン	Windows入門編	2200	200	

query('書名.str.contains("Python")')
で取り出す

query('書名.str.contains("Ruby")')
で取り出す

query('書名.str.contains("Java")')
で取り出す

■ chap4_9_3.py

```
1  import pandas as pd

2

3  df = pd.read_csv('bsales.csv', encoding='utf-8')

4  keywords = ['Python', 'Ruby', 'Java']
```

取り込め　pandasモジュール　として　変数pd

変数df　入れろ　変数pd　CSVを読み込め　文字列「bsales.csv」　引数encodingに文字列「utf-8」

変数keywords　入れろ　文字列「Python」　文字列「Ruby」　文字列「Java」

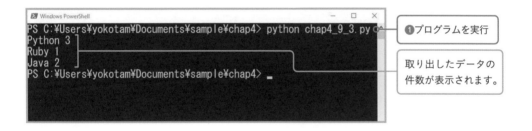

```
       ……の間      変数keyword      内        変数keywords    以下を繰り返せ
5   for_keyword_in_keywords:
       変数df_k  入れろ 変数df   問い合わせろ                      文字列「書名.str.contains(@keyword)」
6   ┌4字下げ┐df_k = df.query('書名.str.contains(@keyword)')
       表示しろ        変数keyword      長さ     変数df_k
7   ┌4字下げ┐print(keyword, len(df_k))
```

読み下し文

1   pandasモジュールを変数pdとして取り込め

2

3   文字列「bsales.csv」と引数encodingに文字列「utf-8」を指定し、読み込んだCSVを変数dfに入れろ

4   リスト [文字列「Python」, 文字列「Ruby」, 文字列「Java」] を変数keywordsに入れろ

5   変数keywords内の値を変数keywordに順次入れる間、以下を繰り返せ

6   　変数dfで変数keywordを含む「書名」列を問い合わせした結果を、変数df_kに入れろ

7   　変数keywordと変数df_kの長さを表示しろ

```
Windows PowerShell                                           □ ×
PS C:¥Users¥yokotam¥Documents¥sample¥chap4> python chap4_9_3.py ●──①プログラムを実行
Python 3
Ruby 1
Java 2                                                            取り出したデータの
PS C:¥Users¥yokotam¥Documents¥sample¥chap4> _                    件数が表示されます。
```

集計結果をCSVファイルで保存する

せっかく集計できたのでファイルに保存しておきたいですねー

そうだね。to_csvメソッドを使えば簡単だよ

　pandasのto_csvメソッド（P.151参照）を使うと、CSVファイルを簡単に作成できます。ただし、to_csvメソッドを使うには、DataFrameオブジェクトが必要です。DataFrameオブジェクトを作成するには、pandasのDataFrame()を使います。引数には、リストや辞書を指定します。また引数columnsにリストを指定すると、列名を付けることもできます。

<u>入れろ</u> <u>変数pd</u>　　<u>DataFrame作成</u>　　　　　　　　　　　　<u>引数columnsに列名のリスト</u>

変数 = pd.DataFrame(リスト, columns=列名のリスト)

読み下し ⤷ リストと引数columnsに列名のリストを指定して、
DataFrameオブジェクトを作成し、変数に入れろ

 以下のプログラム。少し複雑に見えるかもだけど、CSVに保存する処理を足し
ただけで、集計の要領は同じだよ

■chap4_9_4.py

<u>取り込め</u>　　<u>pandasモジュール</u> <u>として</u> <u>変数pd</u>

```python
1  import pandas as pd

2

3  df = pd.read_csv('bsales.csv', encoding='utf-8')

4  keywords = ['Python', 'Ruby', 'Java']

5  book_list = []

6  for keyword in keywords:

7      df_k = df.query('書名.str.contains(@keyword)')

8      book_list.append([keyword, len(df_k)])

9  print(book_list)

10 df = pd.DataFrame(book_list, columns=

11              ['classification', 'count'])

12 df.to_csv('bcount.csv', index=False)
```

Line 3 labels: 変数df 入れろ 変数pd　CSVを読み込め　文字列「bsales.csv」　引数encodingに文字列「utf-8」

Line 4 labels: 変数keywords 入れろ 文字列「Python」 文字列「Ruby」 文字列「Java」

Line 5 labels: 変数book_list 入れろ 空のリスト

Line 6 labels: ……の間 変数keyword 内 変数keywords 以下を繰り返せ

Line 7 labels: [4字下げ] 変数df_k 入れろ 変数df 問い合わせろ 文字列「書名.str.contains(@keyword)」

Line 8 labels: [4字下げ] 変数book_list 追加しろ 変数keyword 長さ 変数df_k

Line 9 labels: 表示しろ 変数book_list

Line 10 labels: 変数df 入れろ 変数pd DataFrame作成 変数book_list 引数columns

Line 11 labels: 文字列「classification」 文字列「count」

Line 12 labels: 変数df CSVに書き出せ 文字列「bcount.csv」 変数indexにブール値False

読み下し文

1	pandasモジュールを変数pdとして取り込め
2	
3	文字列「bsales.csv」と引数encodingに文字列「utf-8」を指定し、読み込んだCSVを変数dfに入れろ
4	リスト [文字列「Python」, 文字列「Ruby」, 文字列「Java」] を変数keywordsに入れろ
5	空のリストを変数book_listに入れろ
6	変数keywords内の値を変数keywordに順次入れる間、以下を繰り返せ
7	変数dfで変数keywordを含む「書名」列を問い合わせした結果を、変数df_kに入れろ
8	変数keywordと変数df_kの長さを変数book_listに追加しろ
9	変数book_listを表示しろ
10	変数book_listと引数columnsにリスト[文字列「classification」, 文字列「count」]を指定して、
11	DataFrameオブジェクトを作成し、変数dfに入れろ
12	文字列「bcount.csv」と変数indexにブール値Falseを指定して、変数dfをCSVに書き出せ

❶プログラムを実行

集計結果がリストのリストとして設定されている、変数book_listが表示されます。

「bcount.csv」には集計結果（変数book_listの内容）が保存されます。

pandasならデータの取り出しから、加工や集計まで、本当にいろいろできて、至れり尽くせりですね〜。機能がありすぎて、逆に迷っちゃいそうです

そうだね。pandasは、このほかにも本当にいろんな機能が用意されているんだ。だから機能を全部覚えようとするんじゃなくて、必要に応じて、pandasの公式ドキュメントで調べるようにするといいよ

グラフでデータを可視化する

ここまで、pandasでいろいろな処理をしてきたね。最後に、そのデータをグラフにしてみよう。グラフにすると、データの特徴や傾向がわかりやすくなるしね

私、Excelでグラフを作るの得意ですよ！

Excelでやるのもアリだけど、pandasなら簡単に作れるよ

グラフを作るには

pandasのDataFrameオブジェクトやSeriesオブジェクトには、グラフを作成できるメソッドが多数用意されています。例えば棒グラフを作るには、plot.bar（バー）メソッドを使います。引数xにはx軸にしたい列名、引数yにはy軸にしたい列名を指定します。

変数df プロットしろ 棒グラフ　　　　引数xにx軸のデータ　　　　　　引数yにy軸のデータ

df.plot.bar(x=x軸のデータ, y=y軸のデータ)

読み下し  引数xにx軸のデータ、引数yにy軸のデータを指定して、変数dfの棒グラフをプロットしろ

ほかにも、折れ線グラフやヒストグラムなど、グラフの種類ごとにメソッドが用意されています。主なものを次にまとめます。

グラフを作成するメソッド

メソッド	グラフの種類
plot()	折れ線グラフ
plot.bar()	棒グラフ
plot.scatter()	散布図
plot.pie()	円グラフ
hist()	ヒストグラム

棒グラフを作成する

　ここでは、chap4_9_4.pyで作成した「bcount.csv」から棒グラフを作成します。グラフを表示するにはmatplotlibというライブラリも使用するので、それをインポートしてpltという別名を付ける必要があります。そして、matplotlib.pyplotモジュールのshow関数でグラフを表示します。

　棒グラフを作るplot.barメソッドの引数xと引数yには、「bcount.csv」の「classification」列と「count」列を設定します。また今回は、グラフの表示を調整するために、barメソッドに引数rotを追加して、ラベルの表示角度を45度となるよう指定しています。

■chap4_10_1.py

```
1  import pandas as pd
2  import matplotlib.pyplot as plt
3
4  df = pd.read_csv('bcount.csv', encoding='utf-8')
5  df.plot.bar(x='classification', y='count', rot=45)
6  plt.show()
```

読み下し文

1　pandasモジュールを変数pdとして取り込め

2　matplotlib.pyplotモジュールを変数pltとして取り込め

3

4　文字列「bcount.csv」と引数encodingに文字列「utf-8」を指定し、読み込んだCSVを変数dfに入れろ

5　引数xに文字列「classification」、引数yに文字列「count」、引数rotに45を指定して、変数dfの棒グラフをプロットしろ

6　グラフを表示しろ

```
Windows PowerShell                                    —  □  ×
PS C:¥Users¥yokotam¥Documents¥sample¥chap4> python chap4_10_1.py
PS C:¥Users¥yokotam¥Documents¥sample¥chap4>
```

❶プログラムを実行

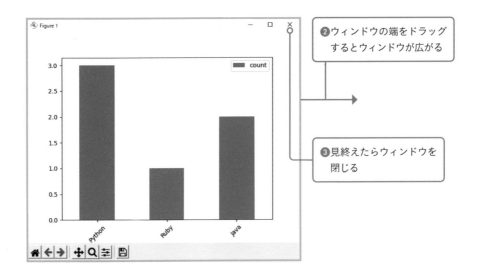

❷ウィンドウの端をドラッグ
するとウィンドウが広がる

❸見終えたらウィンドウを
閉じる

グラフを保存する

作成したグラフを資料に貼り付けたいんで、グラフを画像でください！

　グラフを画像として保存するには、plt.show関数の代わりにplt.savefig関数を実行します。引数はファイル名の文字列またはPathオブジェクトです。

■chap4_10_2.py

```
……前略……
```

変数plt　　画像を保存しろ　　　文字列「barplotfig.png」

6 `plt.savefig('barplotfig.png')`

読み下し文

6　文字列「barplotfig.png」を指定してグラフを画像として保存しろ

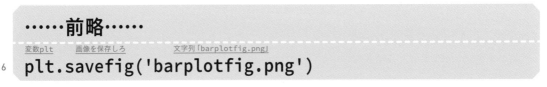

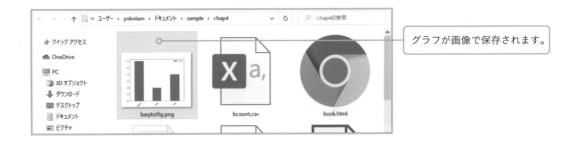

グラフが画像で保存されます。

Chapter

Web APIで
データを集めよう

Web APIを使ってみよう

ここからは、Web APIでデータを集めてみよう

前に説明してもらいましたけど忘れちゃいました……。Web APIって何でしたっけ？

Web APIは、スクレイピング以外でデータを集める手段の1つだよ。さまざまな企業やサイトから提供されているんだ

Web APIとは

　ここまで、スクレイピングや前処理について解説してきました。本Chapterでは、Web APIでのデータ取得にもチャレンジしてみましょう。P.12でも紹介したように、Web APIは、プログラム向けにデータを提供するしくみのことです。スクレイピングはWebページの仕様変更に弱いですが、Web APIは比較的安定して情報を取り出せます。また、データの抽出をより詳細な条件で行いたいときにも向いています。

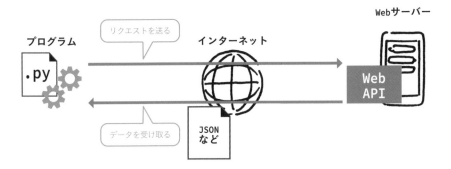

　Web APIが提供されているサイトやサービスの場合は、スクレイピングではなく、Web APIを使用しましょう。ただし、スクレイピングはどのサイトであっても基本的には同じ知識を活用できますが、Web APIはAPIごとに呼び出し方法や仕様が異なるので、そのWeb APIのドキュメントを確認する必要があります。またWeb APIによっては、アプリケーションキーやAPIキーといった、認証情報を作成する必要があります。

Web APIを使うとデータが取得できるのはわかりましたけど……。実際使うには何をすればいいのか、まったくイメージが湧かないです

やってみないとイメージしづらいよね。じゃあ、ここではGoogle Books APIというWeb APIを試してみよう。Web APIでよく使われているデータ形式であるJSONについても紹介するよ

Google Books APIとは

Google Books APIとは、Googleが提供しているWeb APIで、Googleブックスという書籍検索サービスのデータを取り出せるものです。Googleブックスでは書籍の全文検索を行えます。また「マイ ライブラリ」という機能を使うと、読書中の書籍やお気に入り書籍なども登録できます。

Google Books APIは、書籍をただ検索するだけなら認証は不要ですが、「マイ ライブラリ」の情報を操作するには認証が必要です。本書では、認証が不要な部分に絞って解説します。

- **Googleブックス（書籍検索サービス）**

  https://books.google.co.jp/

キーワードを入力すると、書籍の全文検索を行えます。

- **Google Books APIのドキュメント**

  https://developers.google.com/books/docs/overview

APIの詳細な仕様はドキュメントで確認できます。

Google Books APIで書籍情報を取得するには

　Google Books APIで書籍情報を検索するには、以下のURLを用います。「?q=」以降には、探したい書籍の名前や著者名などを指定します。

> https://www.googleapis.com/books/v1/volumes?q=キーワード+【検索条件】

　【検索条件】には、さまざまなパラメータを指定できます。

主なパラメータ

パラメータ	意味
intitle	書名
inauthor	著者
inpublisher	発行元
isbn	ISBN

　例えば「Python」でキーワード検索するには、以下のURLになります。

> https://www.googleapis.com/books/v1/volumes?q=Python

　書名を「ふりがな」、発行元を「インプレス」で検索するには、以下のURLになります。

> https://www.googleapis.com/books/v1/volumes?q=+intitle:ふりがな+inpublisher:インプレス

　検索結果はデフォルト10件ですが、「maxResults」を使うと、最大40件まで検索できます。

> https://www.googleapis.com/books/v1/volumes?q=Python&maxResults=40

　なお、パラメータ名などが多少誤っていても検索はできますが、その分、検索の精度が落ちてしまいます。そのため、パラメータに誤字脱字がないかをきちんと確認するようにしましょう。
　PythonでこのGoogle Books APIを使うには、Requestsライブラリを使います。スクレイピングのときと同じように、requests.get関数を使ってこのURLにアクセスします。

 使う関数は、基本的にはスクレイピングのときと同じだよ

Google Books APIを使って書籍情報を取得する

Google Books APIを使って、書名が「ふりがな」、発行元が「インプレス」の書籍情報を取り出し、結果を「books.json」というファイル名で保存してみましょう。

■chap5_1_1.py

```python
1  from pathlib import Path
2  import requests
3
4  url = ('https://www.googleapis.com/books/v1/'
5         'volumes?q=+intitle:ふりがな'
6         '+inpublisher:インプレス')
7  res = requests.get(url)
8  bjson = Path('books.json')
9  bjson.write_text(res.text, encoding='utf-8')
```

行1: から pathlibモジュール 取り込め Pathオブジェクト
行2: 取り込め requestsモジュール
行4: 変数url 入れろ 文字列「https://www.googleapis.com/books/v1/」
行5: 文字列「volumes?q=+intitle:ふりがな」
行6: 文字列「+inpublisher:インプレス」
行7: 変数res 入れろ requestsモジュール 取得しろ 変数url
行8: 変数bjson 入れろ Path作成 文字列「books.json」
行9: 変数bjson 書き込め 変数res テキスト 引数encodingに文字列「utf-8」

読み下し文

1	pathlibモジュールからPathオブジェクトを取り込め
2	requestsモジュールを取り込め
3	
4	文字列
5	「https://www.googleapis.com/books/v1/volumes?q=+intitle:ふりがな+inpublisher:インプレス」を
6	変数urlに入れろ
7	変数urlが表すデータを取得し、変数resに入れろ
8	文字列「books.json」を指定してPathオブジェクトを作成し、変数bjsonに入れろ
9	引数encodingに文字列「utf-8」を指定し、変数resのテキストを変数bjsonに書き込め

❶プログラムを実行

Web APIで取得した情報が「books.json」として保存されます。

```json
{
  "kind": "books#volumes",
  "totalItems": 11,
  "items": [
    {
      "kind": "books#volume",
      "id": "khU7EAAAQBAJ",
      "etag": "mzkef0cfUMQ",
      "selfLink": "https://www.googleapis.com/books/v1/volumes/khU7EAAAQBAJ",
      "volumeInfo": {
        "title": "スラスラ読める Pythonふりがなプログラミング 増補改訂版",
        "authors": [
          "株式会社ビープラウド",
          "リブロワークス"
        ],
        "publisher": "インプレス",
        "publishedDate": "2021-07-26",
        "description": "人気シリーズ「Pythonふりがなプログラミング」を大きくして読みやすく、内容を充実させて
        "industryIdentifiers": [
          {
            "type": "ISBN_13",
            "identifier": "9784295011743"
```

　Google Books APIで取得したデータは、JSON（ジェイソン）形式です。JSON（JavaScript Object Notation）は、テキストベースのデータ形式であり、{}（波カッコ）や[]（角カッコ）を使ってデータ構造を表現します。{}（波カッコ）は、Pythonの辞書のようにキーと値を対応付ける際に使用され、[]（角カッコ）はPythonのリストのように、複数の要素を並べる際に使用されます。JSONはさまざまなデータを表現できるので、Web APIでもよく使われています。

```
{
  "kind": "books#volumes",   ← 値
  "totalItems": 11,
  "items": [   ← キー
    {
      "kind": "books#volume",
      "id": "khU7EAAAQBAJ",
      "etag": "mzkef0cfUMQ",
      "selfLink": "https://www.googleapis.com/books/v1/volumes/khU7EAAAQBAJ",
      "volumeInfo": {
        "title": "スラスラ読める Pythonふりがなプログラミング 増補改訂版",
        "authors": [
          "株式会社ビープラウド",
          "リブロワークス"   ← 値に[]を使う
        ],                     ことも可能
        "publisher": "インプレス",
      },
    },
```

Web APIで取得したJSONからデータを取り出す

 Web APIで取得できるJSONは、複雑な構造であることが多いんだ。だから、JSONの処理についても紹介しておこう

　Web APIで取得したデータは、入れ子構造のJSONであることが多くあります。入れ子構造のJSONとは、以下のように、キーに対応する値がリストや辞書になっているような構造を指します。

books.json（一部抜粋）

```
{
  "kind": "books#volumes",
  "totalItems": 11,
  "items": [ ──── 書籍情報が格納されている「items」の中に、さらにリストが入っている
    { ──── 1件目の書籍情報を保持する辞書
      "kind": "books#volume",
      "id": "khU7EAAAQBAJ",
      "etag": "mzkef0cfUMQ",
      "selfLink": "https://www.googleapis.com/books/v1/volumes/khU7EAAAQBAJ",
      "volumeInfo": {
        "title": "スラスラ読める Pythonふりがなプログラミング 増補改訂版", ──── 1件目の書名
      },
    { ──── 2件目の書籍情報を保持する辞書
      "kind": "books#volume",
      "id": "mSJvDwAAQBAJ",
      "etag": "GP28CJWB9k8",
      "selfLink": "https://www.googleapis.com/books/v1/volumes/mSJvDwAAQBAJ",
      "volumeInfo": {
        "title": "スラスラ読める Excel VBAふりがなプログラミング", ──── 2件目の書名
    }]
}
```

入れ子構造のJSONからデータを取り出すには少々コツがいるので、ここでは、その方法について紹介しましょう。まずJSONをPathオブジェクトのread_textメソッドなどで読み込み、jsonモジュールのloads関数でPythonのオブジェクトに変換します。loads関数を使うと、入れ子のJSONから必要な情報のみを取り出しやすくなるためです。loads関数の引数は文字列、戻り値はPythonのオブジェクトです。今回のJSONでは、辞書に変換されます。

変数 ＝ json.loads(文字列)
入れろ　json　ロードしろ
読み下し
文字列をロードし、変数に入れろ

　先ほどのJSONをよく見るとわかりますが、Google Books APIで取得したJSONの中でも、書籍情報が格納されているのは「items」というキーです。そのため取得した辞書から、この「items」キーのみを取り出します。すると以下のように、「items」キーの値が、Pythonのリストで取得されます。

[{'kind': 'books#volume', 'id': 'khU7EAAAQBAJ', 'etag': 'mzkefOcfUMQ', 'selfLink': 'https://www.googleapis.com/books/v1/volumes/khU7EAAAQBAJ', 'volumeInfo': {'title': 'スラスラ読める Python ふりがなプログラミング 増補改訂版', ……}}, ——— リストの要素0が、1件目の書籍情報

{'kind': 'books#volume', 'id': 'mSJvDwAAQBAJ', 'etag': 'GP28CJWB9k8', 'selfLink': 'https://www.googleapis.com/books/v1/volumes/mSJvDwAAQBAJ', 'volumeInfo': {'title': 'スラスラ読める Excel VBAふりがなプログラミング', ……}}, ——— リストの要素1が、2件目の書籍情報

……]

　このリストから、1件目の書籍情報、2件目の書籍情報……というように順番に取り出し、その中の「volumeInfo」キーの値にある「title」を取り出すと、書名を取得できます。
　以下は、「books.json」を読み込んで、「items」キー内の「volumeInfo」キーにある、書名（「title」キーの値）を取り出すプログラムです。

■chap5_1_2.py

```
1  import json
       取り込め      jsonモジュール

2  from pathlib import Path
       から   pathlibモジュール  取り込め  Pathオブジェクト

3

4  bjson = Path('books.json')
       変数bjson  入れろ  Path作成   文字列「books.json」

5  bjson_text = bjson.read_text(encoding='utf-8')
       変数bjson_text  入れろ  変数bjson  テキストを読み込め   引数encodingに文字列「utf-8」
```

6
```
bjson_dic = json.loads(bjson_text)
```
変数bjson_dic　入れろ　json　ロードしろ　変数bjson_text

7
```
for item in bjson_dic['items']:
```
……の間　変数item　内　変数bjson_dic　文字列「items」　以下を繰り返せ

8
```
    print(item['volumeInfo']['title'])
```
4字下げ　　表示しろ　変数item　文字列「volumeInfo」　文字列「title」

読み下し文

1 jsonモジュールを取り込め

2 pathlibモジュールからPathオブジェクトを取り込め

3

4 文字列「books.json」を指定してPathオブジェクトを作成し、変数bjsonに入れろ

5 引数encodingに文字列「utf-8」を指定して変数bjsonからテキストを読み込み、結果を変数bjson_text
　に入れろ

6 変数bjson_textをロードし、変数bjson_dicに入れろ

7 変数bjson_dicからキー「items」を取り出し、変数itemに順次入れる間、以下を繰り返せ

8 　変数itemのキー「volumeInfo」の値から、キー「title」を取り出し、表示しろ

❶プログラムを実行

```
PS C:\Users\yokotam\Documents\sample\chap5> python chap5_1_2.py
スラスラ読める Pythonふりがなプログラミング 増補改訂版
スラスラ読める Excel VBAふりがなプログラミング
スラスラ読める Unity C#ふりがなプログラミング
スラスラ読める JavaScriptふりがなプログラミング
スラスラ読める Unityふりがなkidsプログラミング ゲームを作りながら楽しく学ぼう!
スラスラ読める PHPふりがなプログラミング
スラスラ読める Javaふりがなプログラミング
スラスラ読める Rubyふりがなプログラミング
子どもから大人までスラスラ読める JavaScriptふりがなkidsプログラミング ゲームを作りながら楽しく学ぼう!
スラスラ読める Pythonふりがなプログラミング
```

JSONから取り出した書名が10件表示されます。

Web API自体は思ったより簡単でしたけど、JSONからデータを取り出すのは、ちょっと複雑ですね

Web APIによってJSONの構造は違うから、一概にはいえないかな〜。ただ、JSONをPythonのオブジェクトにする方法を押さえておけば、ほかのWeb APIでも応用できるはずだよ

Chap
5
Web APIで
データを集めよう

その他の
スクレイピングライブラリ

スクレイピングのライブラリはBeautifulSoup以外にもいくつもあるんだ。その中でも有名な、Selenium（セレニウム）というライブラリについて、簡単に紹介しておこう

BeautifulSoupだけじゃダメなんですか？

ダメってことでもないんだけど、ほかのライブラリも知っておくと、よりスクレイピングできる範囲が広がるよ。JavaScriptを使ったWebページとかね

ブラウザの動作を自動化するSelenium

Seleniumは、ブラウザの動作を自動化するサードパーティ製パッケージです。Seleniumを使うと、ブラウザで特定のサイトを開いて文字を入力しボタンをクリックする、といった一連の操作を自動化できます。そのため、アプリケーションのテストや、ブラウザで行う業務の自動化などに活用されます。Chapter 3でも触れましたが、Seleniumは、Requests＋BeautifulSoupという組み合わせではできない、JavaScriptで生成されたWebページのスクレイピングにも利用可能です。

- **Selenium**
  https://www.selenium.dev/ja/documentation/

PowerShellなどで次のpipコマンドを入力して、Seleniumをインストールしておきましょう。macOSの場合は、pipをpip3に変えて実行してください。

```
pip install selenium
```

Seleniumを使う準備をする

Seleniumを使うには、ブラウザに接続するためのドライバーが必要です。ドライバーはブラウザごとに用意されており、Chromeの場合はChromeDriverというものをインストールします。ドライバーは、Chromeのバージョンにあわせる必要があるので、まずはChromeのバージョンを確認します。

●Chromeの右上にある［設定］→
［ヘルプ］→［Google Chromeに
ついて］の順にクリック

バージョンが表示されます
（この画像ではメジャーバー
ジョンが94）。

　インストールするChromeDriverのバージョンは、手順①で確認したChromeのバージョンと一致さ
せる必要があります。ChromeDriverのバージョン番号は、以下のページで確認します。

- **ChromeDriverのバージョン**

  https://pypi.org/project/chromedriver-py/#history

●Chromeのメジャーバージョンと同
じバージョン番号を探してコピー
（この画像ではバージョン94）

　確認したChromeDriverのバージョン番号を指定し、PowerShellで以下のコマンドを実行します。
macOSの場合はターミナルを起動して、pipをpip3に変えて実行してください。

```
pip install chromedriver-py==【ChromeDriverのバージョン番号】
```

●pipコマンドを入力して
Enter キーを押す

最後に「Successfully」と表示
されたらインストール成功です。

JavaScriptを使ったWebページをスクレイピングする

Selenium＋BeautifulSoupの組み合わせで、試しにImpress Watchの「記事のアクセスランキング」をスクレイピングしてみましょう。「記事のアクセスランキング」は、JavaScriptによって書き換えがされている要素です。この要素のCSSセレクタは「#allsite-access-ranking-ul-latest > li」です。

- **Impress Watchのトップページ**
  https://www.watch.impress.co.jp/

Seleniumには、CSSセレクタを使って要素を取り出すfind_elements_by_css_selectorメソッドなど、HTMLを解析する機能が用意されていますが、ここでは、要素の取り出しにBeautifulSoupを用います。

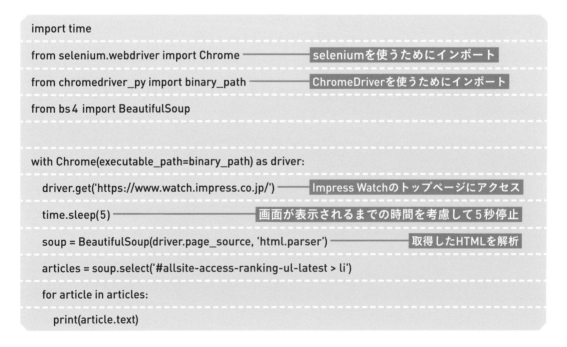

```
import time

from selenium.webdriver import Chrome          ── seleniumを使うためにインポート

from chromedriver_py import binary_path        ── ChromeDriverを使うためにインポート

from bs4 import BeautifulSoup


with Chrome(executable_path=binary_path) as driver:

    driver.get('https://www.watch.impress.co.jp/')  ── Impress Watchのトップページにアクセス

    time.sleep(5)                               ── 画面が表示されるまでの時間を考慮して5秒停止

    soup = BeautifulSoup(driver.page_source, 'html.parser')  ── 取得したHTMLを解析

    articles = soup.select('#allsite-access-ranking-ul-latest > li')

    for article in articles:

        print(article.text)
```

プログラムを実行すると、Chromeが起動してImpress Watchのトップページに自動でアクセスします。その後、次のような結果が得られます。

```
PS C:\Users\yokotam\Documents\sample\chap5> python chap5_2_1.py
[504:21948:0924/125346.667:ERROR:google_update_settings.cc(236)] Failed ope
ware\Google\Update\ClientStateMedium\{8A69D345-D564-463c-AFF1-A69D9E530F96}
stats: result: 5

DevTools listening on ws://127.0.0.1:54632/devtools/browser/1d58c822-b9bc-4ad6-8e3b-979e
4a948e9c
1ケータハム、スズキ製660ccターボエンジン搭載の軽自動車「SEVEN 170」販売開始 539万円から
2日本初の家電量販＋ホームセンター商業施設、ヤマダとビバホーム運営会社
3タバコが10月に一斉値上げ。増税で加熱式も紙巻も
4Amazon、「Nintendo Switch （有機ELモデル）」の通常予約受付を開始するも即終了
5 "おもちゃ感覚で使える" HP製2in1 PCが9,000円！Windows 10 Pro搭載の訳あり中古品
PS C:\Users\yokotam\Documents\sample\chap5>
```

> 記事のアクセスランキングが
> 取り出せます。

「driver.get()」で取得したWebページは、JavaScriptでの書き換えがされたあとのHTMLなんだ。だから、「記事のアクセスランキング」を取り出すことができる

BeautifulSoupを使うまでが、これまでのプログラムと結構違いますね

表示したWebページでテキストを入力したりボタンをクリックしたりする場合は、プログラムがもう少し複雑になるんだ。本書ではそこまで紹介しないけど、やりたいことにあわせて調べてみてね

機能が豊富なスクレイピングライブラリ「Scrapy」

最後に、Scrapy（スクレイピー）というライブラリも紹介しましょう。Scrapyも、スクレイピングを行うためのライブラリです。Scrapyを使うと、複数のサイト・ページにまたがったデータの収集を簡単に行えます。RequestsとBeautifulSoupという組み合わせより機能が豊富なので、スクレイピングに慣れてきたらチャレンジしてみるといいでしょう。

- ### Scrapyのドキュメント
  https://docs.scrapy.org/en/latest/

あとがき

　2018年に「プログラム（ソースコード）にふりがなを振る」というアイデアから
スタートしたふりがなプログラミングシリーズも、2021年7月に出版した、Python
編の『増補改訂版』を経て今回、『スクレイピング入門編』が出版の運びとなりました。
『増補改訂版』で版型を大きくしたので、「スクレイピング」のような長いプログラム
を掲載しやすくなったこと、ふりがなを振ることで、業務の自動化にも役立つ「スク
レイピング」をわかりやすく解説できるのではと考えたことが、本書を制作するきっ
かけでした。スクレイピングのプログラムはほとんどの場合、サンプルをそのまま使
うといったことはできず、対象のサイトや業務などにあわせたカスタマイズが必要で
す。つまり、理解していないとカスタマイズはできません。その理解に「ふりがな」
が役立つはずだと考えました。

　そして「ふりがな」以外にも、本質的な理解のために、「HTMLの構造を理解する
ステップを踏むこと」「トライ＆エラーを行うこと」という点に留意しました。スク
レイピングに限らずプログラミングは、プログラムを書き換えて実行するのを繰り返
すことが、一番重要です。スクレイピングでそれらを行うのに必要なステップである
「HTMLの構造を理解すること」と、「エラーの原因を特定すること」をきちんと解説
することで、自力でスクレイピングする力が身につくように執筆しました。

　本書を読み終えた皆さんには、よく参照するサイト・データをスクレイピングする
プログラムを作ってみることをおすすめします。その際、上手くいかないことは多々
あるでしょう。もしつまづいたら、本書の「要素を取り出せない場合は」という節を
確認しつつ、プログラムを修正してみてください。これらを繰り返すことで、自らの
力だけでスクレイピングできるようになるはずです。

　私たちの生活や環境をとりまくデータの量は、増える一方です。近い将来、ITエン
ジニアやプログラマーでなくとも、データを集めたり適切に扱ったりする能力が求め
られるようになるでしょう。本書が、データの収集や何かしらの業務の自動化に、少
しでも役に立てば大変嬉しく思います。

　最後に監修のビープラウド様をはじめとして、本書の制作に携わった皆さまに心よ
りお礼申し上げます。

2021年11月　リブロワークス

本書サンプルプログラムのダウンロードについて

本書で使用しているサンプルプログラムは下記の本書情報ページからダウンロードできます。
zip形式で圧縮しているので、展開してからご利用ください。

●本書情報ページ

https://book.impress.co.jp/
books/1120101182

1 上記URLを入力して本書情報ページを表示

2 ダウンロード をクリック

画面の指示にしたがってファイルをダウンロードしてください。

※Webページのデザインやレイアウトは変更になる場合があります。

本書のご感想をぜひお寄せください

https://book.impress.co.jp/books/1120101182

STAFF LIST

カバー・本文デザイン	松本 歩（細山田デザイン事務所）
カバー・本文イラスト	加納徳博
DTP	関口 忠、株式会社リブロワークス
校正	聚珍社
デザイン制作室	今津幸弘、鈴木 薫
制作担当デスク	柏倉真理子
企画	株式会社リブロワークス
編集・執筆	大津雄一郎、横田恵（株式会社リブロワークス）
編集長	柳沼俊宏

■商品に関する問い合わせ先

このたびは弊社商品をご購入いただきありがとうございます。本書の内容などに関するお問い合わせは、下記のURLまたはQRコードにある問い合わせフォームからお送りください。

https://book.impress.co.jp/info/

上記フォームがご利用頂けない場合のメールでの問い合わせ先
info@impress.co.jp

※お問い合わせの際は、書名、ISBN、お名前、お電話番号、メールアドレスに加えて、「該当するページ」と「具体的なご質問内容」「お使いの動作環境」を必ずご明記ください。なお、本書の範囲を超えるご質問にはお答えできないのでご了承ください。

● 電話やFAXでのご質問には対応しておりません。また、封書でのお問い合わせは回答までに日数をいただく場合があります。あらかじめご了承ください。
● インプレスブックスの本書情報ページ https://book.impress.co.jp/books/1120101182 では、本書のサポート情報や正誤表・訂正情報などを提供しています。あわせてご確認ください。
● 本書の奥付に記載されている初版発行日から3年が経過した場合、もしくは本書で紹介している製品やサービスについて提供会社によるサポートが終了した場合はご質問にお答えできない場合があります。

■落丁・乱丁本などの問い合わせ先

TEL：03-6837-5016
FAX：03-6837-5023
service@impress.co.jp

（受付時間 10:00-12:00／13:00-17:30、土日・祝祭日を除く）
※古書店で購入された商品はお取り替えできません。

■書店／販売店からのご注文窓口

株式会社インプレス 受注センター
TEL：048-449-8040
FAX：048-449-8041

スラスラ読める Pythonふりがなプログラミング スクレイピング入門

2021年12月1日　初版発行

監　修　株式会社ビープラウド
著　者　リブロワークス
発行人　小川 亨
編集人　高橋隆志
発行所　株式会社インプレス
　　　　〒101-0051　東京都千代田区神田神保町一丁目105番地
　　　　ホームページ　https://book.impress.co.jp/
印刷所　株式会社広済堂ネクスト